重庆市高校普通本科重点建设教材

普通高等学校新形态一体化教材

BIM 建模技术应用（第 2 版）

主　编　刘香香　安雪玮　汪金能

副主编　谢　文　令永强　林　颖　武　群　游　娟

U0206349

西南交通大学出版社

·成　都·

图书在版编目（CIP）数据

BIM 建模技术应用 / 刘香香，安雪玮，汪金能主编.
2 版. -- 成都：西南交通大学出版社，2024.8.
ISBN 978-7-5774-0017-4

Ⅰ. TU201.4

中国国家版本馆 CIP 数据核字第 20248C2Q33 号

BIM Jianmo Jishu Yingyong (Di 2 Ban)

BIM 建模技术应用（第 2 版）

主　编 / 刘香香　安雪玮　汪金能

策划编辑 / 黄庆斌
责任编辑 / 李华宇
封面设计 / 曹天擎

西南交通大学出版社出版发行

（四川省成都市金牛区二环路北一段 111 号西南交通大学创新大厦 21 楼　610031）
营销部电话：028-87600564　　028-87600533
网址：http://www.xnjdcbs.com
印刷：成都中永印务有限责任公司

成品尺寸　185 mm×260 mm
印张　18.75　　字数　464 千
版次　2020 年 8 月第 1 版　　2024 年 8 月第 2 版　　印次　2024 年 8 月第 3 次

书号　ISBN 978-7-5774-0017-4
定价　49.80 元

第 2 版
前 言

  随着科技的不断进步和数字化时代的到来,建筑行业正经历着前所未有的变革。其中,BIM(Building Information Modeling,建筑信息模型)技术作为建筑行业数字化转型的重要推动力,正在逐渐改变着传统的设计、施工和管理方式。因此,掌握 BIM 建模应用技术,对于提升建筑行业的工作效率、降低成本、增强项目质量具有非常重要的意义。

  本书正是在这样的背景下应运而生。自第 1 版出版以来,本书以其深入浅出的讲解、丰富实用的案例,受到了广大读者的喜爱和认可。然而,随着 BIM 技术的快速发展和应用领域的不断拓展,第一版的内容已经不能完全满足读者的需求。因此,我们决定对教材进行修订,推出更加完善、更加贴合行业发展趋势的第 2 版。

  第 2 版在保持原有内容的基础上,一是新增了安装专业 BIM 建模的相关内容。这是因为,在当前的建筑项目中,安装专业(包括给排水、消防、暖通、电气等)的 BIM 建模应用越来越广泛,在提高项目协同效率、优化设计方案、减少施工错误等方面发挥着重要作用。因此,编者新增了 BIM 给排水及消防专业模型、BIM 暖通专业模型、BIM 电气专业模型等内容,帮助读者更好地掌握安装专业的 BIM 建模技术。

  二是增加了模型综合协调与深化等内容。在 BIM 技术的应用过程中,不同专业之间的模型协调与深化是一个非常重要的环节。通过模型的综合协调与深化,可以确保各专业之间的设计信息准确无误地传递和整合,从而避免在施工过程中出现错误和返工。因此,编者增加了这方面的内容,帮助读者提高模型的综合协调与深化能力。

  三是增加了中高层建筑实战案例等内容。通过这些案例的学习,读者可以更加直观地了解 BIM 建模技术在实际项目中的应用过程和方法,从而更好地掌握 BIM 建模技术的精髓和技巧。

  修订后的教材,其内容更加广泛、更加深入,也更利于读者学习多专业建模的协同管理。最后,我们希望本书能为广大读者提供更加全面、更加实用的 BIM 建模应用技术知识,帮助他们在建筑行业中更好地应用 BIM 技术,推动行业的数字化转型和发展。

编　者

2024 年 5 月

第 1 版
前　言

2016 年 8 月住房和城乡建设部印发了《2016—2020 年建筑业信息化发展纲要》（建质函〔2016〕183 号），文件明确提出，"十三五"时期，全面提高建筑业信息化水平，着力增强 BIM、大数据、智能化、移动通信、云计算、物联网等信息技术集成应用能力。2018 年 1 月，《建筑信息模型施工应用标准》（GB/T 51235—2017）正式实施，目的是规范和引导施工阶段建筑信息模型应用。这些均表明，BIM 技术在工程建设全寿命周期应用是我国建筑信息化改革的必然成果。BIM（Building Information Modeling）是一种应用于工程设计、建造、管理的数字化工具，通过参数模型整合各种项目的相关信息，在项目决策、运行和维护的全生命周期过程中进行共享和传递，使工程技术人员对各种建筑信息作出正确理解和高效应对，为设计团队以及包括建筑运营单位在内的各方建设主体提供协同工作的基础，在提高生产效率、节约成本和缩短工期方面发挥着重要作用。

目前，BIM 在国内市场的主要应用案例有：BIM 模型维护、场地分析、建筑策划、方案论证、可视化设计、协同设计、性能化分析、工程量统计、管线综合、施工进度模拟、施工组织模拟、数字化建造、物料跟踪、施工现场配合、竣工模型交付、维护计划、资产管理、空间管理、建筑系统分析、灾害应急模拟。从以上 20 种 BIM 典型应用中可以看出，BIM 的应用对于实现建筑全生命周期的管理，提高建筑行业在规划、设计、施工和运营方面的科学技术水平，促进建筑业全面信息化和现代化，具有巨大的应用价值和广阔的应用前景。

编写本书的目的是：给 BIM 工程师提供建模工作流的样例，循着本书的引导，让读者掌握 BIM 土建建模的方法和流程；了解最佳的建模工作方法、建模工作注意事项以及使用高效率的建模工具软件。本书重点放在 BIM 建模工作的流程和方法上，逐步带领读者创建一个三层办公楼土建模型。由于篇幅的限制，本书没有全面展开讲解 Revit 所有功能的用法，读者可使用 Revit 软件的在线帮助学习本书没有用到的功能。

本书配套了微课视频、PPT 课件等学习资源，扫描书中的二维码就可以立即查看该内容点的操作教学视频，借用数字化手段，能让读者更好地掌握 Revit 建模基础知识和操作方法。部分教学资源可联系编辑获取（574941537@qq.com）。

　　本书为校企共建教材，适合作为本科院校、高职院校、企业培训 BIM 专业人才的学习教材。全书内容由重庆工程学院刘香香、安雪玮、汪金能担任主编，重庆市铁路（集团）有限公司谢文，上海中侨职业技术大学令永强，重庆工程学院林颖、武群、游娟担任副主编，重庆工程学院王姝、戴晶晶、卢俊波、梅艺、焦敏、高丽、林俊参与编写，具体编写分工如下：王姝、安雪玮编写第 1 章，林俊、安雪玮编写第 2 章，刘香香、戴晶晶、卢俊波、梅艺、高丽、令永强、吴九江编写第 3 章；武群编写第 4 章；林颖编写第 5 章；游娟编写第 6 章；刘香香、焦敏、谢文编写第 7 章；安雪玮编写第 8 章；刘香香、谢文编写第 9 章；令永强、谢文、吴九江、林颖、武群、游娟编写第 10 章。本书在编写过程中得到了贾建平、谢文的帮助。本书配套视频由安雪玮、刘香香、令永强、王姝、林俊、戴晶晶、卢俊波、梅艺、高丽、焦敏、林颖、武群、游娟参与录制。安雪玮和汪金能参与部分章节的编写或校对工作。全书由刘香香、安雪玮汇总修改并统稿。最后，衷心感谢参与教材编写的全体人员，也感谢出版社领导的重视和编辑们的努力付出，正是有你们的辛勤付出，本书才得以与读者见面。

　　由于编者水平有限，本书难免有不当之处，衷心期望各位读者给予指正。

编　者

2020 年 7 月

课程介绍

微课视频资源索引

目　录

第 3 篇　BIM 模型后期应用及其拓展

第4篇　实战应用

第 1 篇

BIM 基础知识与操作

第 1 章

BIM 概述

本章重难点：掌握 BIM 的基本概念及内涵；掌握 BIM 的特点；熟悉 BIM 工具及其主要功能应用；了解 BIM 的发展历程及趋势。

1.1 BIM 基本知识

1.1.1 BIM 的含义

BIM 基础知识（一）

BIM 的英文全称是 Building Information Modeling，国内较为一致的中文翻译为：建筑信息模型。建筑信息模型是以建筑工程项目的各项相关信息数据作为模型的基础，进行建筑模型的建立，通过数字信息仿真模拟建筑物所具有的真实信息。

通过数字信息仿真模拟建筑物所具有的真实信息时，这里的信息不仅是三维几何形状信息，还包含大量的非几何形状信息，如建筑构件的材料、重量、价格和进度等。

BIM 被提出以来，随着社会的发展，逐渐受到关注与应用，它是引领建筑业信息技术走向更高层次的一种新技术。它的全面应用，将为建筑业界的科技进步产生不可估量的影响，能够大大提高建筑工程的集成化程度，同时，也可为建筑业的发展带来巨大的效益，使设计乃至整个工程的质量和效率显著提高，成本降低。

1.1.2 BIM 的特点

1. 可视化

可视化可以达到所见即所得的效果，建筑全生命周期的可视化，比传统的效果图表达更加全面，可以从多维度、多阶段、多层次来表达建筑设计的各种信息、思想和方案。

2. 协调性

传统的设计方法是由各个工种的技术人员独立进行设计，再进行图纸会审、工作协调会的方式来进行多专业的碰撞检查和协调统一。BIM 可以实现的是，各工种的设计人员在同一个平台共同进行设计，把设计及时地传送到工作平台的其他客户端，直接进行统一的协调。

图 1-1 和图 1-2 所示分别为 Revit 和 Naviswork 软件中施工图深化阶段的实时管线综合。

图 1-1 施工图深化阶段中实时管线综合（Revit）

图 1-2 施工图深化阶段中实时管线综合（Naviswork）

3. 模拟性

模拟性是指对拟建建筑物的实际经历进行全面的模拟，从设计过程需要的节能模拟和日照模拟，到施工过程的 4D 模拟、5D 模拟，以及日常紧急情况处理方式模拟，如图 1-3 所示。

4. 一体化性

BIM 技术的核心是由计算机三维模型所形成的数据库，它不仅仅包含了设计上面的一些几何信息，更是容纳了从设计到建成过程中所有的信息，模型综合地容纳了全部信息。我们可以把建筑、结构、水电融合在一个整体的模型中，这个综合全部信息的模型，更具有统一性。

此外，BIM 还具备优化性、可出图性、信息完备性、参数化性等特点。

图 1-3　施工模拟及进度控制

1.1.3　BIM 的国内外发展

1. 国外的发展

1975 年，佐治亚理工大学 Chuck Eastman 教授，在其课题"Building Description System"中提出"a computer-based description of a building"，以便实现建筑工程的可视化和量化分析，提高工程建设效率。因此他被称为"BIM 之父"。

20 世纪 80 年代，芬兰学者提出"Product Information Model"系统。

1986 年，美国学者 Robert Aish 提出"Building Modeling"。

2002 年，Autodesk 公司提出 BIM 技术，它可以帮助实现建筑信息的集成，将数字信息应用起来，从建筑的设计、施工、运营直至建筑全生命周期的结束，将这些信息整合到一个三维模型信息数据库里，使建筑工程在其整个过程中的效率显著提高，风险大大减小。

2015 年，美国国家 BIM 标准（Annex&Rules 2015）对 BIM 的含义有四个层面的解释：一个设施（建筑项目）物理与功能特性的数字化表达；一个共享的知识资源；分享有关这个设施的信息，为该设施从概念设计开始的全生命周期的所有决策，提供可靠与可依据的流程；在项目不同阶段与各个专业方，藉由 BIM 模型中新增、提取、更新和修改信息，以支持和解决其各自职责的协同作业。

2. 国内的发展

2001 年，建设部办公厅印发《建设部科技司 2001 年工作思路及要点》，文件指出，推进建设领域信息技术的研究开发与推广应用。

2003 年，建设部印发《2003—2008 年全国建筑业信息化发展规划纲要》，对平台和系统建设作出指导，指出工程设计协同系统、综合项目管理系统、先进水平应用工具软件、智能化施工技术、专家库和知识库建设的重要性。

2007 年，建设部在"十一五"国家科技支撑计划"建筑业信息化关键技术研究与应用"重点项目中，将"基于 BIM 技术的下一代建筑工程应用软件研究"列为重点开展的研究与开发工作。

2011 年，住房和城乡建设部印发《2011—2015 年建筑业信息化发展纲要》，要求在"十二五"期间，基本实现建筑企业信息系统的普及应用，加快建筑信息模型（BIM）、基于网络的协同工作等新技术在工程中的应用，推动信息化标准建设。

2015 年，住房和城乡建设部印发《关于推进建筑信息模型应用的指导意见》，明确要求到 2020 年末，应实现 BIM 技术、企业管理系统和其他信息技术的一体化集成应用，BIM 的项目率要达到 90%。至此，国家在政策层面给了 BIM 技术示范一个明确的期限和一个叫作一体化集成应用的要求，在政策面将 BIM 推到了信息应用阶段。

2016 年，住房和城乡建设部印发《2016—2020 年建筑业信息化发展纲要》，要求建筑企业应积极探索"互联网+"形势下管理、生产的新模式，深入研究 BIM、物联网等技术的创新应用，创新商业模式。

2017 年，国务院办公厅印发《国务院办公厅关于促进建筑业持续健康发展的意见》（国办发〔2017〕19 号），文件指出，加快推进建筑信息模型（BIM）技术在规划、勘察、设计、施工和运营维护全过程的集成应用。

总之，随着时间的推移和社会的发展，BIM 的应用将会越来越多。对其含义的讨论仍会继续，它也肯定会衍化出更深层、更广度的含义。

1.1.4 BIM 的相关标准

BIM 的相关标准按照不同的类型来分，有信息分类标准、数据存储标准和过程交换标准，分别适用于不同的用途。信息分类标准包括静态信息和动态信息，由各个国家制定。数据存储标准是规定计算机用何种格式来储存分类好的信息，最通行的是 IFC。过程交换标准就是约定人、阶段、场合、信息，国际上统一叫作 IDM 标准，也就是信息交付手册，如图 1-4 所示。

BIM 基础知识（二）

图 1-4　BIM 相关标准的分类

随着 BIM 技术的发展，国家各相关部门也陆续出台了 BIM 的相关政策，共分为三个层次：第一层为最高标准，如《建筑工程信息模型应用统一标准》；第二层为基础数据标准，如《建筑工程设计信息模型分类和编码标准》《建筑工程信息模型存储标准》；第三层为执行标准，如《建筑工程设计信息模型交付标准》《制造业工程设计信息模型交付标准》。此后各个地方部委也在推行地方标准和行业标准，一些大的企业也在陆续建立起自己的企业标准，这些标准应该根据工作场合和使用区域的不同来选用，见表 1-1。标准从一个层次向另外一个层次不断地深化细化，与工程的密切程度越来越高。BIM 的相关标准如表 1-1 所示。

表 1-1　BIM 的相关标准

标准类型	标准名称	发布国家/单位	时间
国外标准	National BIM Standard-United States Version 2	美国	2012 年
	ACE（UK）BIM Standard for Autodesk Revit（1.0）	英国	2010 年
	New Zealand BIM Guide（1.0）	新西兰	2014 年
	Singapore BIM Guide（1.0）	新加坡	2012 年
国家标准	《建筑工程信息模型应用统一标准》	住房和城乡建设部	2017 年
	《建筑工程施工信息模型应用标准》		2018 年
	《建筑工程信息模型存储标准》征求意见稿		2012 年
	《建筑工程设计信息模型分类与编码标准》征求稿		2012 年
	《建筑工程设计信息模型交付标准》征求稿		2012 年
	《制造业工程设计信息模型交付标准》征求稿		2012 年
地方标准	《民用建筑信息模型设计标准》	北京市住房和城乡建设委员会	2013 年
	《建筑信息模型应用标准》	上海市住房和城乡建设管理委员会	2015 年
	《上海市建筑信息模型技术应用指南》		2015 年
	《四川建筑工程设计信息模型交付标准》	四川省住房和城乡建设厅	2015 年
	《成都市民用建筑信息模型设计技术规定》	成都市城乡建设委员会	2016 年
	《建筑信息模型应用统一标准》	河北省住房和城乡建设厅	2016 年
地方标准	《BIM 实施管理标准》	深圳市建筑工务署	2015 年
	《江苏民用建筑信息模型设计应用标准》	江苏省住房和城乡建设厅	2016 年
	《建筑工程 BIM 施工应用标准》	广西壮族自治区住房和城乡建设厅	2016 年
	《建筑工程信息模型设计标准》《建筑工程信息模型设计交付标准》	重庆市城乡建设委员会	2018 年

标准类型	标准名称	发布单位	时间
行业标准	《建筑装饰装修工程 BIM 实施标准》	中国建筑装饰协会	2014 年
	《中国市政设计行业 BIM 实施指南》	中国勘察设计协会	2015 年
	《城市轨道交通工程建筑信息模型建模指导意见》	上海申通地铁集团有限公司	2014 年
	《建筑机电工程 BIM 构件库技术标准》	中国安装协会	2015 年
企业标准	《中国中铁 BIM 应用实施指南》	中国铁路工程集团有限公司	2016 年
	《中建西北院 BIM 设计标准 1.0》	中国建筑西北设计研究院有限公司	2015 年
	《工程施工 BIM 模型建模标准》	中国建筑一局（集团）有限公司	2016 年
	《万达轻资产标准版 C 版设计阶段 BIM 技术标准》	大连万达集团股份有限公司	2015 年

1.1.5　BIM 工具及其主要功能

BIM 软件大致可以分成核心建模软件、结构分析软件、可视化软件、模型检查软件、深化设计软件、造价管理软件等 13 个大类，如图 1-5 所示。

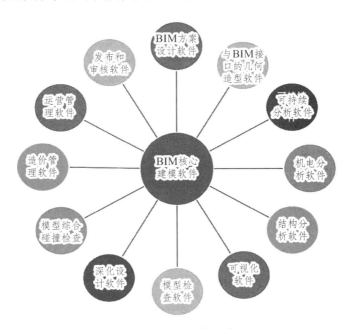

图 1-5　BIM 软件分类

1. BIM 核心建模软件

BIM 核心建模软件（BIM Authoring Software），简称 BIM 建模软件，是 BIM 的基础。换句

话说，正是因为有了这些软件才有了 BIM，也是从事 BIM 要碰到的第一类软件。

其中，民用建筑常使用 Revit Architecture，Revit Structural，Revit MEP 等软件。工业建筑较多使用 Bentley Architecture，Bentley Structural，Bentley Building Mechanical Systems 等软件。异形项目且预算充裕时采用 Digital Project 或者 CATIA 软件。

2. BIM 可视化软件

在核心建模软件的基础上，可视化软件可以在项目的不同阶段及各种变化的情况下快速产生可视化效果。常用的软件有 3ds Max，Artlantis，Accurender，Lightscape 等。

3. BIM 造价管理软件

造价管理软件利用 BIM 模型提供的信息进行工程量统计和造价分析，由于对 BIM 模型结构化数据的支持，基于 BIM 技术的造价管理软件可以根据工程施工计划动态提供造价管理需要的数据，这就是所谓的 BIM 技术的 5D 应用。

国外的 BIM 造价管理软件有 Innovaya 和 Solibri、RIB iTWO 等，鲁班、广联达、斯维尔等软件是国内 BIM 造价管理软件的代表。

4. BIM 运营管理软件

BIM 模型为建筑物的运营管理阶段服务，是 BIM 应用重要的推动力和工作目标。在这方面，美国运营管理软件 ArchiBUS 是最有市场影响力的软件之一。

5. BIM 模型综合碰撞检查软件

模型综合碰撞检查软件的基本功能包括集成各种三维软件（BIM 软件、三维工厂设计软件、三维机械设计软件等）创建的模型进行 3D 协调、4D 计划、可视化、动态模拟等。模型综合碰撞检查软件属于项目评估、审核软件的一种。常见的模型综合碰撞检查软件有 Autodesk Navisworks、Bentley Projectwise Navigator 和 Solibri Model Checker 等。

6. BIM 结构分析软件

结构分析软件是目前 BIM 软件集成度比较高的产品，基本上两者之间可以实现双向信息交换，即结构分析软件可以使用 BIM 核心建模软件的信息进行结构分析，对结构调整的分析结果又可以反馈到 BIM 核心建模软件中去，自动更新 BIM 模型。ETABS、STAAD、Robot 等国外软件及 PKPM 等国内软件都可以与 BIM 核心建模软件配合使用。

1.2　BIM 技术的应用

BIM 技术涉及建筑的全生命周期，也就是从方案策划、招投标、设计、施工、竣工交付到运维阶段的全过程，如图 1-6 所示。

BIM 技术的应用（一）

图 1-6　建筑的全生命周期

1.2.1　方案策划阶段

方案策划是在确定建设意图之后，项目管理者通过收集各类项目资料，对各类情况进行调查，研究项目的组织、管理、经济和技术等，进而得出科学、合理的项目方案，为项目建设指明正确的方向和目标。在方案策划阶段，信息是否准确、信息量是否充足成为管理者能否作出正确决策的关键。BIM 技术的引入，使方案阶段所遇到的问题得到了有效的解决。其在方案策划阶段的应用内容主要包括：现状建模、成本核算、场地分析和总体规划。

1.2.2　招投标阶段

BIM 技术的推广与应用，极大地促进了招投标管理的精细化程度和管理水平。在招投标过程中，招标方根据 BIM 模型可以编制准确的工程量清单，达到清单完整、快速算量、精确算量，有效地避免漏项和错算等情况，最大限度地减少施工阶段因工程量问题而引起的纠纷。投标方根据 BIM 模型快速获取正确的工程量信息，与招标文件的工程量清单比较，可以制定更好的投标策略。在招标控制环节，准确和全面的工程量清单是核心关键。而工程量计算是招投标阶段耗费时间和精力最多的重要工作。

在招标阶段，BIM 是一个富含工程信息的数据库，可以真实地提供工程量计算所需要的物理和空间信息。借助这些信息，计算机可以快速对各种构件进行统计分析，从而大大减少根据图纸统计工程量带来的烦琐的人工操作和潜在错误，在效率和准确性上得到显著提高。

在投标阶段，首先是基于 BIM 的施工方案模拟，对施工组织设计方案进行论证，就施工中的重要环节进行可视化模拟分析，按时间进度进行施工安装方案的模拟和优化。对于一些重要的施工环节或采用新施工工艺的关键部位、施工现场平面布置等施工指导措施进行模拟和分析，以提高计划的可行性。其次是基于 BIM 的 4D 进度模拟，通过将 BIM 与施工进度计划相链接，将空间信息与时间信息整合在一个可视的 4D 模型中，可以直观、精确地反映整个建筑的施工过程和虚拟形象进度。借助 4D 模型，施工企业在工程项目投标中将获得竞标优势，BIM 可以让业主直观地了解投标单位对投标项目主要施工的控制方法、施工安排是否均衡、总体计划是否基本合理等，从而对投标单位的施工经验和实力作出有效评估。

BIM 技术的应用（二）

总之，利用 BIM 技术可以提高招标投标的质量和效率，有力地保障工程量清单的全面和精确，促进投标报价的科学、合理，加强招投标管理的精细化水平。

1.2.3 设计阶段

建设项目的设计阶段是整个生命周期内最为重要的环节，它直接影响着建安成本和维运成本、工程质量、工程投资、工程进度，以及建成后的使用效果、经济效益等方面。可视化设计交流贯穿于整个设计过程中，典型的应用包括三维设计与效果图及动画展示。BIM 技术引入的参数化设计理念，极大地简化了设计本身的工作量，同时其继承了初代三维设计的形体表现技术，将设计带入一个全新的领域。通过信息的集成，也使得三维设计的设计成品（即三维模型）具备更多可供读取的信息。对于后期的生产（即建筑的施工阶段）提供更大的支持。BIM 系列软件具有强大的建模、渲染和动画技术，通过 BIM 可以将专业、抽象的二维建筑描述通俗化、三维直观化，使得业主等非专业人员对项目功能性的判断更为明确、高效，决策更为准确。

基于 BIM 技术和虚拟现实技术对真实建筑及环境进行模拟，同时可出具高度仿真的效果图，设计者可以完全按照自己的构思去构建装饰"虚拟"的房间，并可以任意变换自己在房间中的位置，去观察设计的效果，直到满意为止。这样就使设计者各种设计意图能够更加直观、真实、详尽地展现出来，既能为建筑的投资方提供直观的感受，也能为后面的施工提供很好的依据。

设计分析是初步设计阶段主要的工作内容，一般情况下当初步设计展开之后，每个专业都有各自的设计分析工作，设计分析主要包括结构分析、能耗分析、光照分析、安全疏散分析等。这些设计分析是体现设计在工程安全、节能、节约造价、可实施性方面重要作用的工作过程。在 BIM 概念出现之前，设计分析就是设计的重要工作之一，BIM 的出现使得设计分析更加准确、快捷与全面。

二维图纸不能用于空间表达，使得图纸中存在许多意想不到的碰撞盲区。并且，目前的设计方式多为"隔断式"设计，各专业分工作业，依赖人工协调项目内容和分段，这也导致设计往往存在专业间碰撞。同时，在机电设备和管道线路的安装方面还存在软碰撞的问题。基于 BIM 技术可将两个不同专业的模型集成为两个模型，通过软件提供的空间冲突检查功能，查找两个专业构件之间的空间冲突可疑点，软件可以在发现可疑点时向操作者报警，再经人工确认该冲突。

设计成果中最重要的表现形式就是施工图，传统的 CAD 方式存在的不足非常明显，当产生了施工图之后，如果工程的某个局部发生设计更新，则会同时影响与该局部相关的多张图纸，如一个柱子的断面尺寸发生变化，则含有该柱的结构平面布置图、柱配筋图、建筑平面图、建筑详图等都需要再次修改，这种问题在一定程度上影响了设计质量的提高。BIM 模型中软件可以依据 3D 模型的修改信息自动更新所有与该修改相关的 2D 图纸，这将为设计人员节省大量的图纸修改时间。

1.2.4　施工阶段

施工阶段是实施贯彻设计意图的过程，是在确保工程各项目标的前提下，建设工程的重要环节，也是周期最长的环节。这阶段的工作任务是如何保质、保量、按期地完成建设任务。BIM在施工阶段的应用很广，其主要作用在于结合施工方案、施工模拟和现场视频监测进行基于 BIM技术的虚拟施工，可以根据可视化效果看到并了解施工的过程和结果，可以较大限度地降低返工成本和管理成本，降低风险，增强管理者对施工过程的控制能力。BIM 突破二维的限制，给项目进度控制带来不同的体验，如可减少变更和返工进度损失，加快生产计划及采购计划编制，加快竣工交付资料准备，从而提升了全过程的协同效率。

1.2.5　竣工交付阶段

竣工验收与移交是建设阶段的最后一道工序，完整的、有数据支撑的可视化竣工 BIM 模型与现场实际建成的建筑进行对比，可以较好地分析很多问题。每一份变更的出现可依据变更修改 BIM 模型而持有相关记录，并且将技术核定单等原始资料"电子化"，将资料与 BIM 模型有机关联，通过 BIM 系统，工程项目变更的位置一览无余，各变更单位置对应的原始技术资料可随时从云端调取，方便查阅资料，对照模型三维尺寸、属性等。

1.2.6　运维阶段

BIM 技术可以保证建筑产品的信息创建便捷、信息存储高效、信息错误率低、信息传递过程高精度等，解决传统运营管理过程中最严重的两大问题——数据之间的"信息孤岛"和运营阶段与前期的"信息断流"问题，整合设计阶段和施工阶段的关联基础数据，形成完整的信息数据库，能够方便运维信息的管理、修改、查询和调用，同时结合可视化技术，使得项目的运维管理更具操作性和可控性。

运维管理的范畴主要包括以下五个方面：空间管理、资产管理、维护管理、公共安全管理和能耗管理。

1.2.7　BIM 的应用案例

1. BIM 在复杂型建筑的应用

南京青奥会议中心（简称"青奥中心"）占地 4 万 m²，总建筑面积达到 19.4 万 m²，地上 6层，地下 2 层，主要包括一个 2 181 座的大会议厅以及一个 505 座的多功能音乐厅，可作为会议、论坛、大型活动，以及戏剧、音乐演出等活动的举办场所。

青奥中心出自著名设计师扎哈·哈迪德之手。青奥中心的施工难度大，"南京青奥中心是没有标准化单元的，没有一个部分是相同的。"承担着青奥会议中心建设项目 BIM 工作的 isBIM项目经理刘星佐介绍说，"异形建筑如何施工，以及复杂型建筑内部大空间的合理运用是青奥会议中心项目的两大难题"，这显然挑战了建造者们的智慧。一般来说，建筑在施工时按照平面图纸搭建即可，而由于会议中心造型复杂，施工难度大，在施工前必须要借助 BIM 的三维模型，根据模型能看出放大后的每个细节，包括构件样子、螺栓的位置、角度、构件尺寸等。由于受造型限制，管线的施工也必须在 BIM 模型里面进行排布，之后再现场施工，这样才能确保施工的质量并避免反复更改。

通过 isBIM 提供的 3D 建筑模型，协调了各个专业，并利用 isBIM 大数据整合将多专业不同格式模型整合在同一个平台，解决了青奥会议中心的复杂造型设计问题；利用 BIM 手段解决了传统的二维设计手段较难解决的复杂区域管线综合问题。在 isBIM 打造的可视化平台中解决了多专业协调问题，如复杂外立面、钢结构、内装空间等，并对其进行了合理的分配。如此一来，青奥会议中心项目的两大难题迎刃而解。

2. BIM 在古建筑的应用

以独乐寺为例，独乐寺位于我国天津蓟州区城内，相传始建于唐，后经辽统和二年（984 年）重建，现存辽代建筑尚有山门及观音阁两处，今存之建筑的木构部分为当时所建的原物。独乐寺观音阁是我国现存最早的以木材为主要架构的殿阁式建筑，面扩五间，进深四间八椽。外观两层，有腰檐、平坐；内设三层（中间有一夹层）屋顶为九脊殿式样（清代称歇山顶）。

天津蓟州区观音阁是典型的歇山屋面建筑，歇山屋面是一种典型的坡屋面建造形式。这种建筑形式具有屋面轮廓丰富、屋顶四角向上翘起的特点。从总体的感觉上这种风格的建筑气度恢宏，风格华丽。这种风格的代表建筑除了观音阁之外还有北京故宫的保和殿等。独乐寺是当代所保存的三所辽代古寺院之一，需要的是完整、准确的数据，只有这样，历史建筑才得以原貌保留。因此，这个项目面临着一个最核心的问题，即历史建筑如何百分之百保留，同时准确记录信息。

传统的 2D 绘图存在着误差，这对历史建筑数据的采集很困难，既不准确，也不能复核，会导致设计的错误以及工期的延误。而在这个项目中，清华大学解辉及他的团队决定应用 BIM 技术，把古建"活化"起来。

BIM 技术传承文物建筑"DNA"。在这个项目中，应用 BIM 技术对独乐寺观音阁构件进行建模分析，明确了参数化建模的软件 Revit，对观音阁构件进行参数化建模，并构建了族文件，应用三维相片测量技术与 BIM 帮助建筑物出图；同时运用 BIM 技术进行施工动态模拟。将建筑物呈现在众人的面前，从而直观地观察文物维护工程中的动态信息，精确地反映每一个施工过程。如此一来，不仅加强各方的沟通，提高了沟通效率，而且还有利于记录历史建筑物。

HIM 即历史信息模型，把三维照片测量技术和 BIM 技术相结合，就成为 HIM。从 BIM 到 HIM，将 BIM 的 B 改变为 H，这就意味着把历史建筑物的数据放在模型里面，从而方便出图和维护，有助于更好地保存历史建筑物的原貌。从 BIM 到 HIM，BIM 不仅可应用于新的建筑，也可以应用于历史建筑，采用 HIM 技术可更有效地保护古建文物，从而将这些文物更好地传承给下一代。

本章小结

本章主要介绍了 BIM 的基本概念及内涵、BIM 的特点、BIM 的行业现状和发展趋势，以及 BIM 在各阶段的应用等，通过对本章的学习希望读者能更全面深入地了解 BIM。

第 2 章

建模设计原理及基本建模技术

本章重难点：掌握拉伸法、放样法等基本建模技术；掌握柱、拟柱体等基本几何体建模方法；掌握叠合型、切割型等组合体建模方法；理解 BIM 建模设计原理。

2.1 基本建模技术

2.1.1 使用拉伸法创建简单族

基本建模技术——拉伸法、放样法

拉伸法是把三维模型分解成两个基本元素，即：截面形状（2D）+ 高度（H）= 三维模型（3D）。

创建方法：

（1）打开 Revit2019→单击"族"下方的"新建"按钮→选择"公制常规模型.rft"→点击"打开"按钮，如图 2-1 所示。

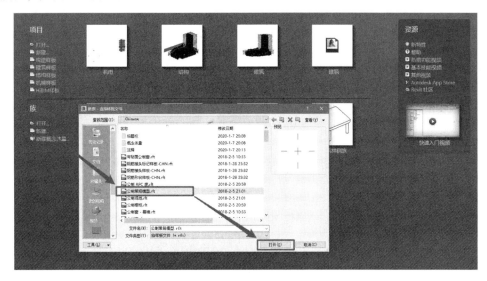

图 2-1　新建

（2）单击"创建"下的"拉伸" →在绘图区绘制任意闭合图形→为绘制好的图形修改尺寸→修改拉伸形状的起点和终点以设计图形的 H→单击"√"以完成绘制 。拉伸起点 – 拉伸

终点 = 高度（H）。

（3）单击 切换到三维视图查看结果（将视觉样式切换到"着色"，使用[Shift + 鼠标中键]旋转视图观察）。

2.1.2 使用放样法创建简单族

放样法是把一个三维模型分解为两个基本元素，即截面形状（2D）+ 路径（L）= 三维模型（3D）。

创建方法：

（1）打开 Revit 2019→单击"族"下方的"新建"按钮→选择"公制常规模型.rft"→点击"打开"按钮。

（2）单击"创建"下"形状"中的"放样"→单击 绘制路径 开始编辑路径（L）→切换到与三维模型中线平行的另一视图→绘制一条开合/闭合的一条连续线段（闭合线段不大于一个环）→单击"√"以完成路径绘制 。

（3）单击 开始编辑轮廓（可以直接载入已编辑好的轮廓族）→在弹出的"转到视图"选项卡中选择合适的视图单击"打开视图"→转到视图后开始轮廓编辑（轮廓必须由一个或多个闭合的图形组成，保证图形有效）→单击"√"以完成绘制 。

（4）单击 切换到三维视图查看结果（将视觉样式切换到"着色"，使用 Shift + 鼠标中键旋转视图观察）。

2.1.3 使用旋转法创建简单族

一个圆柱可以由面积 × 高度形成，也可以由一个矩形绕旋转轴形成，在 Revit 中也可以使用该方法创建三维模型，即截面形状（2D）+ 旋转角度（θ）= 三维模型（3D）。

基本建模技术——旋转法、融合法

创建方法：

（1）打开 Revit 2019→单击"族"下方的"新建"按钮→选择"公制常规模型.rft"→点击"打开"按钮。

（2）单击"创建"下"形状"中的"旋转" →双击"项目浏览器"下"立面"中的"前"选项卡来到前视图。

（3）单击"修改|创建旋转"中"绘制"组的"边界线"命令 →开始绘制边界线（边界线必须是闭合的有效形状）→绘制轴线（一条直线）→在"属性"选项板中的"约束"部分可以设计旋转的"起始角度"和"结束角度"。|结束角度 − 起始角度| = 旋转角度（θ），$\theta \leq 360°$。

（4）单击"√"以完成绘制 。

（5）单击 切换到三维视图查看结果（将视觉样式切换到"着色"，使用[Shift + 鼠标中键]旋转视图观察）。

2.1.4 使用融合法创建简单族

融合法是指将两个不同的二维模型融合形成一个三维模型，即上底面（2D）＋下底面（2D′）＋高度（H）＝三维模型（3D）。

创建方法：

（1）打开 Revit 2019→单击"族"下方"新建"按钮→选择"公制常规模型.rft"→单击"打开"按钮。

（2）单击"创建"下"形状"中的"融合" 融合 →默认先进行底面轮廓的编辑，绘制一个有效形状→单击 编辑顶部 中的"编辑顶部"，开始顶面轮廓的编辑→当顶面轮廓编辑完毕后就可以开始编辑顶点即棱线（若棱线过少则可以手动打断轮廓中的线段以增加顶点）。

（3）单击"√"以完成绘制 。

（4）单击 切换到三维视图查看结果（将视觉样式切换到"着色"，使用[Shift ＋ 鼠标中键]旋转视图观察）。

（5）绘制完成之后可以通过拖拽顶/底面的构造柄调整高度（H），"属性"选项卡下的"约束"可以精确调整高度（H）。|第一端点 － 第二端点| ＝ 高度（H）。

2.1.5 使用放样融合法创建简单族

放样融合法是放样法与融合法的组合绘制方式，结合了两种绘制方法，通过绘制起点截面、终点截面和路径完成绘制，即起点截面（2D′）＋终点截面（2D）＋路径（L）＝三维模型（3D）。

绘制方法：

（1）打开 Revit 2019→单击"族"下方的"新建"按钮→选择"公制常规模型.rft"→ 单击"打开"按钮。

（2）单击"创建"下"形状"中的"放样融合"→在 中选择"绘制路径"开始路径绘制（有条件可以使用拾取路径，绘制路径必须是一段非闭合的连续线）。

（3）在 中依次单击"选择轮廓 1"和"编辑轮廓"开始编辑起点截面→"转到视图"→开始编辑截面（截面为闭合的有效形状）→单击"√"以完成绘制 。

（4）依次单击"选择轮廓 2"和"编辑轮廓"开始编辑终点截面→"转到视图"→开始编辑截面（截面为闭合的有效形状）→单击"√"以完成绘制 。

（5）单击"√"以完成放样融合绘制 。

（6）单击 切换到三维视图查看结果（将视觉样式切换到"着色"，使用 Shift ＋ 鼠标中键旋转视图观察）。

2.1.6 使用布尔运算创建复杂族

1. 使用叠加法创建复杂族

叠加法就是将两个模型叠加组成一个复杂模型，即三维模型（3D）＋三维模型（3D′）＝一个更大的三维模型（3D＋）。

绘制方法：

（1）打开 Revit 2019→单击"族"下方的"新建"按
钮→选择"公制常规模型.rft"→单击"打开"按钮。

（2）绘制三个互相接触的拉伸图形→选择其中一个
模型，单击"修改|拉伸"中"几何图形"中的"连接"

基本建模技术——叠加法、切割法

→依次单击两个相互连接的图形→单击"Esc"退出连接模式。

（3）此时图中所有的模型都已经互相连接在一起，成为一个整体。（再次使用"连接"命令，
单击其中一个模型可选中所有模型；也可以再次编辑其中的模型）

2. 使用切割法创建复杂族

切割法可以将一个整体模型切割成为特殊的复杂模型，即三维模型（3D）－三维模型
（3D′）＝三维模型（3D－）。Revit 中不仅可以创建实体模型，也可以创建空心模型用以剪切。

创建方法：

（1）打开 Revit 2019→单击"族"下方的"新建"按钮→选择"公制常规模型.rft"→单击
"打开"按钮。

（2）创建一个任意的简单三维模型→再创建一个任意的空心形状（空心形状的绘制方法与之
前介绍的各种实体形状绘制方法一样）→绘制完毕后单击"√"以完成绘制，如图 2-2 所示。

（3）单击 切换到三维视图查看结果（将视觉样式切换到"着色"，使用[Shift＋鼠
标中键]旋转视图观察）。

图 2-2　空心形状

2.2　基本几何体建模

2.2.1　柱

柱是建筑物中垂直的主构件，用于承托在它上
方物件的重量。本节将介绍如何在 Revit 中，通过编
辑族的方式，快速创建建筑中最重要的承重构件——柱。

基本几何体建模——柱、旋转体、拟柱体

（1）打开 Revit，点击左上角的应用程序菜单→新建→"族"文件，选择公制常规模型（也可选公制构造柱），进入族编辑器界面，如图 2-3 所示。

图 2-3　第（1）步

（2）导入准备好的 CAD 图纸，选择导入单位为"毫米"，定位默认（若有需求可自行修改），选择前视图、主视图，在创建命令中选择拉伸命令，在绘制菜单栏选择拾取线，如图 2-4 所示。

图 2-4　第（2）步

（3）选中需要的轮廓线（若无法全部选择，可按 Tab 键切换选择），然后在右边的属性菜单设置柱体的高度（即拉伸起点和终点），然后点击对勾命令完成拉伸操作。柱体就绘制完成了，如图 2-5 所示。

图 2-5　第（3）步

2.2.2　旋转体

旋转体最具代表的是圆台、圆锥和球，它重要的基本参数是截面的有效形状，也就是说，一个平面的闭合的线框围绕一个直线表达的旋转轴转一圈所形成。

（1）打开 Revit，点击左上角的应用程序菜单→新建→"族"文件，选择公制常规模型（若有需求可更改），进入族编辑器界面。

（2）在族编辑器里打开立面前视图，然后点击导入 CAD 文件，如图 2-6 所示。

图 2-6　导 CAD 文件

（3）导入已经准备好的旋转体模型，点击"旋转"按钮，点击边界线里面的"拾取线"，选择所有的 2D 轮廓线，如图 2-7 所示。

图 2-7　拾取线

（4）点击"轴线"，点击拾取线拾取左边的直线作为旋转轴，在右边的属性框里设置起始角度和结束角度两个参数，然后点击对勾命令完成旋转操作，如图 2-8 所示。

图 2-8　完成旋转操作

2.2.3　拟柱体

所有的顶点都在两个平行平面内的多面体叫作拟柱体。我们可以在 Revit 中，用创建拟柱体的方式创建自己想要的柱。

（1）打开 Revit，点击左上角的应用程序菜单→新建→"族"文件，选择公制常规模型（若有需求可更改），进入族编辑器界面。

（2）导入准备好的图形，我们所需要的底面图形和顶面图形都在俯视图当中，点中创建融合命令按钮，进入编辑底面的命令，选择拾取线按钮，选取最外围的轮廓线作为底面轮廓，如图 2-9 所示。

图 2-9　第（2）步

（3）点击编辑顶部按钮，同样采用拾取按钮（若无法全部选择，可按"Tab"键切换选择），编辑顶面轮廓线，如图 2-10 所示。

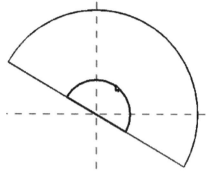

图 2-10　第（3）步

（4）属性栏里，设置第一端点和第二端点数值（即高度），点击对勾命令完成编辑，如图 2-11 所示。

图 2-11　第（4）步

2.3　组合体建模

组合体根据不同的组合形式，可以分为叠合型、切割型和相交型，下面分别介绍。

组合体建模——叠合型

2.3.1　叠合型

所谓叠合型，其关键点是有一个明确的结合面。因此在创建的过程当中，最重要的就是找到叠合面的工作平面。下面，我们用具体操作实例来展示创建过程。

（1）在 Revit2019 界面中，进行叠加型的操作。这个叠加型涉及两个视图，首先点击立面里的前视图，绘制图形，如图 2-12 所示。

（2）点击左视图，同样绘制图形，如图 2-13 所示。

（3）然后点击三维视图按钮，查看定位情况，如图 2-14 所示。

（4）再次进入前视图。对这样一个有效形状进行拉伸，点击拉伸按钮，选择轮廓线，然后设置拉伸终点（即厚度），点击对勾命令，如图 2-15 所示。

图 2-12　绘制图形 1　　　　　　图 2-13　绘制图形 2　　　　　　图 2-14　查看定位情况

图 2-15　拉伸

（5）进入左视图进行同样的拉伸操作，绘制完成后的效果如图 2-16 所示。

图 2-16　绘制完成后的效果

2.3.2　切割型

切割型是由一个实体切掉一块形成的空心物体。但是在软件里面没有切割工具，因此就可以使用叠加的方法，把实体物体和一个虚物体叠加起来。这个虚物体，在软件里面叫作空心拉伸、空心融合、空心旋转、空心放样、空心放样融合。也就是说，所谓的虚物体，相当于实体物体创建以后，把它们放在一起形成的。接下来我们用具体操作实例来展示创建过程。

组合体建模——切割型

（1）打开 Revit 族编辑器界面，进入前视图和平面视图绘制图形，在前视图进行拉伸，拉伸长度为平面视图图形的长度，使其正好形成立方体，如图 2-17 所示。

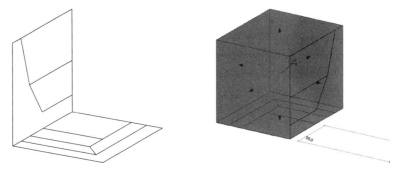

图 2-17　第（1）步

（2）点击前视图，点击空心形状里面的空心拉伸命令，选取线，选取需要进行空心拉伸的二维轮廓线，设置好拉伸起点和终点，点击对勾命令，便完成了第一个空心体的创建，如图 2-18 所示。

图 2-18　第（2）步

（3）点击前视图，点击设置，拾取一个平面。拾取空心体最下面的底面，作为工作平面，选择楼层平面，打开视图，如图 2-19 所示。

图 2-19 第（3）步

（4）在平面视图中，选择空心融合，进入编辑底部，选择底面二维轮廓的形状。

（5）点击编辑顶部命令，点击拾取线，在两个边上进行线的绘制，点击对勾命令，绘制完成，如图 2-20 所示。

图 2-20 第（5）步

2.3.3 相交型

组合体建模——相交型

（1）相交型，就是通过几何相交的原理，将两个独立的模型连接成一个整体。在前面的章节中我们提到，可以利用拉伸法将一个二维图形转化成三维模型，如图 2-21 所示。

图 2-21

根据图 2-22 中的两个二维轮廓，在两个不同的平面内分别创建拉伸，如图 2-22 所示。

图 2-22　平面图形

根据两个相交模型，可以得到以下关系，如图 2-23 所示。

图 2-23　模型的关系

这就是相交型的创建原理，当两个形体创建完以后，点击连接工具让这两个形体连接　连接，软件会自动地把这两个形体的交线求解出来，并且把这两个物体合为一个物体。这就是相交类型的做法。

（2）相交型模型需要用到前视图与左视图，此时可以在项目浏览器中找到前立面图，双击进入，如图 2-24 所示。

（3）导入预先绘制好的 CAD 文件，选中 CAD 文件让它完全分解，并删除其他视图的图纸，将前立面的图纸移动　到参照平面内，如图 2-25 所示。

图 2-24　前立面图

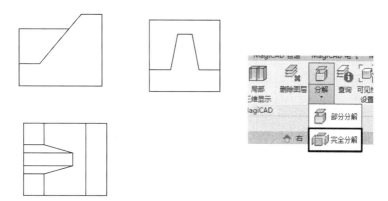

图 2-25　完全分解

（4）进入左立面，同理导入 CAD 文件并分解图层，删除多余图形，将左视图对应的 CAD 图形移动到如图 2-26 所示的位置。

图 2-26　移动图形

（5）回到前立面，进行拉伸操作。在前视图中点击拉伸，选择二维轮廓，然后设置拉伸起点和终点分别是"−25.0"和"25"，点击对勾命令 ✔，第一个拉伸操作便完成了，如图 2-27 所示。

图 2-27　拉伸

（6）回到左立面，进行第二部分的拉伸。第二部分的拉伸有两种方法：

第一种是只拉伸上方的有效形状部分（因为在之前的操作中，我们已经将下方部分拉伸过了），如图 2-28 所示。

第二种是选取拉升整个左视图的图形,需要将左立面的全部轮廓绘制出来,如图 2-29 所示。

图 2-28　第一种拉伸方法

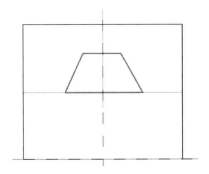

图 2-29　第二种拉伸方法

（7）有效形状绘制完毕后开始设置拉伸起点和拉伸终点。拉伸起点设置为 0,拉伸终点设置为 80,然后点击对勾 ✔ 命令。

（8）点击连接命令 　连接 ▾ ,将两个几何体连接在一起,一个组合体便创建完毕,最终效果如图 2-30 所示。

图 2-30　最终效果

2.4　BIM 建模设计原理

2.4.1　使用 BIM 技术手段应解决的问题

（1）如何使用 BIM 技术表达精准高效的设计成果。

（2）如何利用 BIM 技术丰富设计成果的表现形式。

BIM 建模设计原理

2.4.2　主要原因分析

（1）传统建筑设计方法不适应现代信息化、参数化设计方法。

（2）基于几何图元和面向对象的计算机表达方式的差异。

（3）既有工作模式和理念落后。

2.4.3 解决方法

1. 建筑构配件的信息化、参数化建模

采用建筑构配件信息化、参数化的手段来完成。所谓信息化，是在设计的时候，以模型为载体，将施工图内容、整个项目构件、材料，以及其分析的要素全部整合。同时，通过碰撞检测完成多个工种之间的协调修改，因此，我们可以用数值来控制模型的形状或者位置。

2. 建筑构配件按类别和类型划分的创建方法

建筑构配件根据类别和类型进行划分来创建。对不同的类别，采用不同的创建方法。这样就需要从理论和实际操作方面对深层次的架构，有一个比较清晰的认识。

2.4.4 教学内容框架

（1）学习建筑设计的原理。
（2）建筑构配件的信息化和参数化设计方法。
（3）Revit 系统内置构建模型。
（4）定义非常规异形结构。

2.4.5 建筑设计的原理

根据工作流程（即设计流程），采用建筑设计插件指导设计者依顺序展开工作，在创建的过程当中，利用预先创建好的构件进行搭建组装。因此，建筑设计原理主要有三种：工作流程菜单式、模块化的基本构件、形位分置的创建方法。

1. 形　状

要创建一个项目，我们要考虑形状和位置两个因素，在 Revit 软件里，形状是采用一个叫"族"的对象来实现的。

形状的确定要考虑属性和类别，通过属性设置实现信息化，通过类别实现模块化。

（1）属性：BIM 技术优于传统二维绘图的优势，不仅仅在于三维可视化视觉效果，更为重要的是在每个图元内部附加的属性，通过属性定义使信息在参建各方的传达一目了然。

（2）类别：作为创建的过程中最主要的一个纲领性文件，又分为系统已有的系统族和自行设定的自定义族。在族具体的类型方面，又分为可以独立使用的独立族和寄生于其他数组对象的寄生族。另外，除几何参数外，跟专业应用相关联的，如指导生产、加工、施工和运行维护的参数，也需要用信息化的手段来进行控制，而这些因素在系统里不具备，因此还需要学习如何添加这一部分的因素。

2. 位　置

当构件准备好后，需要在系统里用统一的坐标来对这些构件进行定位。可通过以下几种手段对位置进行控制。

第一种手段：利用楼层加轴网来实现模型定位，即在三维坐标体系中，Z坐标定楼层标高，X，Y轴定平面位置，这是 Revit 默认的操作方式。

第二种手段：用概念体量创建。当定位体系不能满足需求的时候，可以根据需要，采用概念体量（是一种特殊族）。它用二维平面作为定位依据，通过一定手段实现三维形体。

第三种手段：用函数来加以控制。在 Revit 中是采用一种专门的插件来完成的，可以用数学的方式来控制我们所创建的形体的形状和位置。

因此，在学习 BIM 的过程中，如果没有明确的指导思想和优选的方式手段，对于初学者将会是一个极大的挑战。

本章小结

本章主要介绍了基本建模技术、基本几何体建模、组合体建模以及 BIM 建模设计原理，通过对本章的学习希望读者能更全面、深入地了解使用 BIM 技术手段应解决的问题。

第 2 篇

BIM 建模

第 3 章

BIM 土建专业建模

本章重难点：掌握 BIM 土建专业模型的创建，主要包括标高、轴网、柱、梁、板、楼梯、门窗、栏杆扶手、坡道等图元的创建；了解 Revit 的三种族类型；掌握添加族的技巧；掌握创建标准构件族的常规步骤；掌握族的基本知识，门窗族的创建等内容；掌握体量的创建，能运用 Revit 软件完成基础建模及创建构件。

3.1 BIM 建筑建模基础操作（一）

使用 Revit 创建模型的工具依据创建构件的不同而操作方法也不尽相同，比如场地地形创建、体量的创建、幕墙创建等，这些特有工具后面将陆续讲述。

BIM 建筑建模基础操作（一）

本节将主要讲述一些通用的工具，主要包括绘制、编辑等工具。

3.1.1 Revit 的启动与设置

双击桌面按钮 ![Revit 2019] ，启动软件，如图 3-1 所示。

图 3-1　启动 Revit 软件

从图 3-1 中可以看出，Revit 启动界面同时显示了"建筑""结构""系统"等多个选项卡，若需要建立模型，可以通过以下操作方式来设定。

（1）启动软件后，单击左上角 ![R] 按钮，然后单击选项按钮，如图 3-2 所示。

图 3-2　"选项"按钮

（2）单击"选项"按钮后，在弹出的对话框中单击【用户界面】，然后在右边的【配置】栏中采用勾选或取消勾选的方式完成选项设置，如图 3-3 所示。

图 3-3　"选项"对话框中用户界面确定配置

在图 3-1 中，可以看到页面中包含有【项目】【族】等选项：

① 在【项目】选项中单击【打开】项，可以打开已有项目；单击【新建】选项，可以新创建一个项目；【构造样板】为各专业通用样式，而其后的【建筑样板】【结构样板】【机械样板】则为各专业独有样板。

② 在【族】选项中，可以通过单击【打开】选项来打开已有族；单击【新建】选项来新创建一个族；单击【新建概念体量】选项来创建一个概念体量族。

③ 如果直接创建建筑模型，可以直接选择【项目】选项中的【建筑样板】项即可。

3.1.2 Revit界面介绍

点击【项目】中的【建筑样板】后，进入 Revit 界面，如图 3-4 所示。

图 3-4　Revit "建筑样板" 界面

进入界面后，移动鼠标至面板上的工具图标，稍作停留后能看到软件自动弹出了对该工具的使用说明小窗口，以方便用户能更加直观地了解该工具的使用方法。

1. 应用程序菜单

单击 按钮，该菜单主要是访问常用文件操作，如【新建】【保存】【导出】【发布】等，移动鼠标，即可对相应的菜单进行选择，如图 3-5 所示。

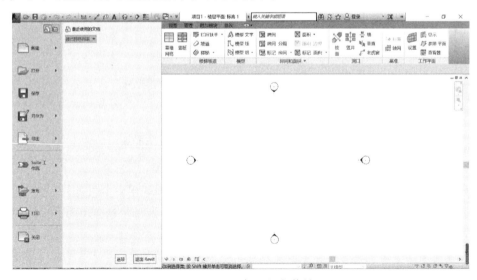

图 3-5　Revit 应用程序菜单

2. 快速访问工具栏

点击上方工具栏 ▾ 按钮，在弹出的工具栏中勾选可对快速访问工具栏进行自定义，选择常用的工具，如图 3-6 所示。

图 3-6 自定义快速访问工具栏

另外，在面板上移动光标到相应工具后单击鼠标右键，在弹出的快捷菜单中选择"添加到快速访问工具栏"，则可以把该工具添加到快速访问工具栏右侧，如图 3-7 所示。

图 3-7 向快速访问工具栏中添加工具

移动鼠标到相应工具后单击右键，在弹出的快捷菜单中选择"从快速访问工具栏中删除"，就可以将该工具从快速访问工具栏中删除掉，如图 3-8 所示。

图 3-8 从快速访问工具栏中删除工具

3. 选项卡

当前 Revit 界面中有【建筑】【结构】【系统】【插入】【注释】【分析】【体量和场地】【协作】

【视图】【管理】【附加模块】【修改】选项卡，如图 3-9~图 3-20 所示。

图 3-9　【建筑】选项卡

图 3-10　【结构】选项卡

图 3-11　【系统】选项卡

图 3-12　【插入】选项卡

图 3-13　【注释】选项卡

图 3-14　【分析】选项卡

图 3-15　【体量和场地】选项卡

图 3-16　【协作】选项卡

图 3-17　【视图】选项卡

图 3-18 【管理】选项卡

图 3-19 【附加模块】选项卡

图 3-20 【修改】选项卡

在选项卡中，在一部分工具图标下方有一个黑色小三角，表示这个工具还有复选项，单击此小三角可以选择这类工具的其他工具，如图 3-21 所示。

图 3-21 【建筑】选项卡中的复选项工具

4. 上下文选项卡

在 Revit 中单击面板的工具时，会增加一个上下文选项卡，在这个选项卡中将包含与该工具有上下文关联的工具。若单击【建筑】选项卡中的【墙】工具，则会出现了 修改|放置 结构墙 选项卡，如图 3-22 所示。

图 3-22 【修改|放置 结构墙】选项卡

在该选项卡中，除了包含有【属性】【几何图形】【修改】【视图】【测量】【创建】面板外，还有【绘制】面板，选择该面板中的直线、弧线等工具即可绘制直线墙、弧线墙。

5. 视图控制栏

在 Revit 中，每个视图窗口底部都有视图控制栏，用于控制该视图的显示状态。不同类别的视图，其视图控制栏不同。视图控制栏中的模型图形样式、阴影控制和临时隐藏图元是最常用的视图显示工具。

在绘图区域左下角有一组按钮，用于设置视图模式，叫作视图控制栏，如图 3-23 所示。

图 3-23　视图控制栏

1:100 比例设置按钮：单击该按钮可选择当前视图显示比例。

精细度按钮：单击该按钮可以调整当前视图显示精细度，有粗略、中等、精细三个选项。

视觉样式按钮：单击该按钮可以选择当前视图的视觉样式，包含线框、隐藏线、着色、一致的颜色、真实、光线追踪等。

打开/关闭日光路径按钮：单击该按钮开启或关闭项目所在区位的日光路径。

打开/关闭阴影按钮：单击该按钮打开和关闭阴影效果。

裁剪视图按钮：单击该按钮选择裁剪和不裁剪当前视图。

显示裁剪区域按钮：单击该按钮可以将当前视图的裁剪区域显示或关闭。

临时隐藏/隔离按钮：单击该按钮可以将所选择的图元临时隐藏或隔离。这个按钮在建模过程中非常好用，可以将选择的图元隐藏，编辑剩下的图元；还可以将选择的图元隔离，而隐藏剩下的图元，这样就可以单独编辑被隔离的图元了。完成后点击该按钮中的"重设临时隐藏/隔离"选项即可。

显示隐藏图元按钮：单击该按钮可以显示被隐藏的图元。注意，前面临时隐藏和隔离后的对象，如果没有及时进行"重设临时隐藏/隔离"时，可以单击该按钮显示被隐藏的对象，在选择被隐藏的对象后单击"上下文选项卡"中的"取消隐藏图元"按钮，就可以将所选择对象的隐藏设置取消。

　　📷 启用临时视图属性按钮：单击该按钮可以启用临时视图属性和样板，这一项目前应用不多，仅限于未对视图属性和样板设置的情况使用。

　　📐 显示约束按钮：单击该按钮可以显示和关闭当前视图各图元的约束关系。

6. 属　性

在该软件中，大多数图元都有两组属性，用于控制外观和行为。

1）实例属性

实例属性应用于项目中的某种族类型的单个图元。实例属性会随图元在建筑或项目中位置的不同而不同。修改实例属性仅影响选定的图元或要放置的图元，即使该项目包含同一类型的图元，也不会被修改。【属性】对话框如图 3-24 所示。

2）类型属性

类型属性是族中多个图元的公共属性。在【属性】对话框中单击"编辑类型"按钮，将弹出如图 3-25 所示的【类型属性】对话框，在此对话框中修改类型属性会影响到整个项目中族的各个图元和任何将要在项目中放置的实例。也就是说，尽管只选择了某一图元，在该对话框的属性进行改动会影响到该类图元的属性。

图 3-24　【属性】对话框

图 3-25　【类型属性】对话框

3）项目浏览器

项目浏览器用于组织和管理当前项目中包含的所有信息，包括项目中所有视图、明细表、图纸、族、组、链接的 Revit 模型等项目资源。Revit 按逻辑层次关系组织这些项目资源，方便用户管理。展开和折叠各分支时，将显示下一层级的内容。

默认情况下，项目浏览器显示在 Revit 界面的左侧且位于属性面板下方。关闭项目浏览器面板可以得到更多的屏幕操作空间。重新显示项目浏览器："视图"→"用户界面"按钮→勾选"项目浏览器"复选框。

通过【项目浏览器】对话框可以对整个项目的各个选项进行快速浏览，如楼层平面、立面、三维视图、图纸、族等，如图 3-26 所示。

图 3-26 【项目浏览器】对话框

4）视图导航

视图控制是 Revit 中重要的基础操作之一。在 Revit 中，视图不同于常规意义上理解的 CAD 绘制的图纸，它是 Revit 项目中 BIM 模型根据不同的规则显示的模型投影或截面。

Revit 中常见的视图包括三维视图、结构平面视图、天花板视图、立面视图、剖面视图、详图视图等。

Revit 提供了多种视图导航工具，可以对视图进行诸如缩放、平移等操作控制。利用鼠标配合键盘功能键或使用 Revit 提供的用于视图控制的"导航栏"，可以分别对不同类型的视图进行多种控制操作，如图 3-27 所示。

"控制盘"工具　　　　　　　　二维控制盘　　　　　　　　全导航控制盘

图 3-27 【视图导航】对话框

3.2 BIM 建筑建模基础操作（二）

3.2.1 图元选择与过滤

BIM 建筑建模基础操作（二）

1. 图　元

Revit 是基于 BIM 技术的核心建模软件，其设计项目实际上是由许多彼此关联的图元模型构成的。

Revit 项目包含了三种图元，即模型图元、基准图元和视图专用图元。

1）模型图元

该图元代表建筑的实际三维几何图形，如墙、柱、楼板、屋顶、门窗、家具设备等。

2）基准图元

该图元用于协助定义项目范围，如轴网、标高和参照平面。

（1）轴网：通常为有限平面，可以在视图中拖曳其范围，使其拓展；

（2）标高：为无限水平平面，可用作屋顶、楼板和顶棚等以层为主体的图元参照；

（3）参照平面：用于精确定位、绘制轮廓线条等的重要辅助工具。参照平面对于族的创建非常重要，有二维参照平面及三维参照平面，其中三维参照平面显示在概念设计环境中。在项目中，参照平面出现在各楼层平面中，但在三维视图不显示。

3）视图专用图元

该图元只显示在放置这些图元的视图中，对模型图元进行描述或归档，如尺寸标注、标记和二维详图。

2. 选择过滤器

点击右下角 ▽.0 按钮，可以在图元较多的时候，按照需要选择某一类图元，单击该按钮，会弹出【过滤器】对话框，在该对话框中将多余的图元勾选掉，然后点击确定，就可以选中需要的图元，如图 3-28 所示。

图 3-28　【过滤器】对话框

3.2.2 基本绘图工具

点击【墙】命令按钮，在【修改|放置 墙】界面右侧有绘图工具：绘制直线按钮 ⟋、绘制矩形按钮 ⬚、绘制内接多边形按钮 ⬠、绘制外切多边形按钮 ⬡、绘制圆形按钮 ⨀、绘制起点 – 终点 – 端点弧按钮 ⌒、绘制圆心 – 端点弧按钮 ⌒、绘制相切 – 端点弧按钮 ⌒、绘制圆角弧按钮 ⌐、拾取线按钮 ⬈、拾取面按钮 ⬚，如图 3-29 所示。

图 3-29　绘图工具

其中使用拾取线按钮 ⬈ 可以根据绘图区域中选定的墙、直线或边来创建一条直线；使用拾取面按钮 ⬚ 可以借助体量或普通模型的面来创建构件；而其他按钮的操作如同 CAD 软件。

3.2.3 基本编辑工具

单击【修改】命令，显示常用的编辑工具如图 3-30 所示。

图 3-30　编辑工具

（1）对齐（AL）⊒："修改"选项卡下"修改"面板中的"对齐"按钮。

（2）偏移（OF）⊒："修改"选项卡下"修改"面板中的"偏移"按钮。

（3）镜像（MM/DM）⊳⊲："修改"选项卡下"修改"面板中的"镜像 – 拾取轴|镜像 – 绘制线"按钮。

（4）移动（MV）✛："修改"选项卡下"修改"面板中的"移动"按钮。

（5）复制（CO）⟳："修改"选项卡下"修改"面板中的"复制"按钮。

（6）旋转（RO）↻："修改"选项卡下"修改"面板中的"旋转"按钮。

（7）修剪|延伸（TR，"修剪|延伸为角"）⊐ ⊐ ⊐："修改"选项卡下"修改"面板中的"修剪|延伸为角"按钮；"修改"选项卡下"修改"面板中的"修剪|延伸单个图元"按钮；"修改"选项卡下"修改"面板中的"修剪|延伸多个图元"按钮。

注：修剪|延伸只能单个对象进行处理。

（8）拆分（SL，拆分图元）⊏⊐ ⊏⊐："修改"选项卡下"修改"面板中的"拆分图元"按钮；"修改"选项卡下"修改"面板中的"用间隙拆分"按钮。

（9）阵列（AR）："修改"选项卡下"修改"面板中的"阵列"按钮。

（10）缩放（RE）："修改"选项卡下"修改"面板中的"缩放"按钮。

3.3 标高与轴网

标高用来定义楼层层高及生成平面视图，轴网用于为构件定位，在 Revit 中轴网确定了一个不可见的工作平面。标高与轴网共同建立了模型的三维网络定位体系。

标高和轴网绘制方法

3.3.1 标高绘制方法

1. 创建标高

打开 Revit 软件后，单击【应用程序菜单】按钮，打开"新建项目"对话框，选择"建筑样板"，新建一个项目。进入项目界面后，单击【项目浏览器】里"立面（建筑立面）"下拉按钮，任意选择一个立面，如图 3-31 所示。

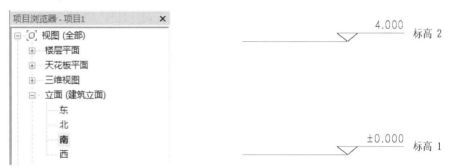

图 3-31　南立面

点击南立面后，绘图区域显示"南立面"视图效果，在绘图区域内可看到如图 3-31 所示的界面，样板已有标高 1、标高 2，系统预设标高为±0.000 和 4.000，标高均以"米"为单位。

1）绘制标高

单击【建筑】选项卡，选择面板上的 标高按钮，在绘图区域单击确定新建标高的起点，移动光标至标高终点再次单击，便完成了新建标高操作。

此时，在【项目浏览器】的"楼层平面"下拉菜单中，可以看到"标高 3"，如图 3-32 所示。

图 3-32　显示"标高 3"

2）复制新建标高

也可以利用"复制"编辑工具完成新建标高操作。选择"标高2"，在 <u>修改|放置标高</u> 中选择 复制按钮，单击"标高2"上任意一点，移动光标至相应的位置后单击鼠标左键完成"标高3"的新建。通过"复制"新建的标高不能直接显示在【项目浏览器】的"楼层平面"下拉菜单中，需点击【视图】按钮，选择 右下角下拉菜单按钮，选择"楼层平面"在弹出的对话框中将"标高4"添加到"楼层平面"中去，如图3-33所示。

图3-33　显示"标高4"

2. 修改标高

完成标高创建后，可能存在对标高进行调整的情况，因此应按照实际需要修改标高信息。

1）批量调整

在选项卡上选择"修改|放置标高"，再单击"类型属性"按钮，打开对话框如图3-34所示。

图3-34　类型属性中修改标高

在属性面板里面修改相应参数，可以修改标高的"线型图案""线宽""颜色""符号"等属性，如图3-35所示。

图 3-35　标高类型参数

2）手动修改

（1）修改名称，例如，双击"标高 3"，修改为"F2"，或修改为"二层"，效果如图 3-36 所示。

图 3-36　修改标高名称

（2）修改标高标头位置。单击标头 🔒，调整至 🔓 时即可拖动需要调整的标头，如图 3-37 所示。

图 3-37　修改标高标头位置

（3）隐藏/显示标头。单击标高名称旁的小方块 ☑，取消勾选后，则隐藏标高符号，如图 3-38 所示。

图 3-38　隐藏/显示标头

（4）修改标高值。如需修改标高数值，则单击标高线上的数值，输入修改数据即可，如图 3-39 所示。

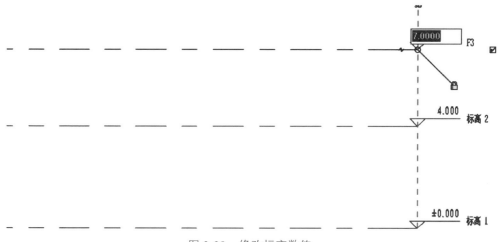

图 3-39　修改标高数值

（5）3D/2D 切换。点击标高线时，在线周围会显示 **3D** 文字提示，当点击 **3D** 时，会切换到 **2D**，若此时对该标高进行调整，则只对此时所在视图生效，而不再对其他视图中该标高的属性生效。

（6）添加弯头。当两条线间距过小，可能导致标高标头重叠，不利于视图效果，此时可以通过添加弯头来解决这一问题。

在需要添加弯头处单击标高线，此时标高线上会显示弯头标志，单击弯头标志，则实现了标高名称偏移，如图 3-40 所示。

图 3-40　添加弯头

创建的某三层办公楼项目标高如图 3-41 所示。

图 3-41　某三层办公楼标高

3.3.2　轴网绘制方法

1. 创建轴网

轴网的作用是确定构件在平面图中的位置关系，因此在创建好标高后，需切换回到任意标高楼层平面视图中完成轴网创建。

1）绘制轴网

（1）点击【建筑】选项卡中的 ⊞ 轴网 按钮，进入【修改|放置 轴网】上下文选项卡中。

（2）在绘图区域绘制第一条横向定位轴线（单击选择轴网起点，按住 Shift 键使其正交后至终点再次单击），可以采用相同的方法绘制后面的轴网，在光标移动时，会显示临时尺寸标注，以帮助确定轴网绘制位置。

（3）当采用"复制"工具完成轴网绘制时，在【修改|放置 轴网】面板中选中"复制"按钮后选中一根轴线。在左上角 修改|轴网 □约束 分开 □多个 根据需要勾选"约束"或"多个"选项，

其中"约束"表示是否正交，"多个"表示可以连续复制多个轴线，如图3-42所示。

图 3-42　复制轴线

（4）勾选了"约束"和"多个"选项后，单击轴线上的任意一个点即可移动光标，当光标移动时，则会出现提示数据，该数据即为两轴线之间的间距，再次单击鼠标，即可完成下一条轴线的复制，重复以上操作，直至全部轴线绘制完成后，按两次Esc键即可退出当前操作。

（5）再次点击【建筑】选项卡中的 ⊞轴网 按钮，进入【修改|放置 轴网】上下文选项卡中。选择 ◢ 按钮在绘图区域绘制一条纵向定位轴线，一般可从下方绘制第一条纵向定位轴线，并将该轴线的轴号改为"A"来表示，如图3-43所示。

图 3-43　绘制第一条纵向定位轴线

（6）同样采用"复制"工具，完成接下来的纵向定位轴线绘制，如图3-44所示。

图 3-44　轴网绘制完成

（7）此时，在【项目浏览器】楼层平面视图中切换到其他标高层，如切换到"标高2"，同样也能看到该轴网。

2）修改轴网

（1）修改轴号。

当出现了不连贯的现象时，则应手动修改轴号。轴号的修改方式和标高名称类似，仍然是选中需要修改的轴线后单击轴号，在弹出的对话框中删除轴号并输入新的轴号即可，修改时应注意轴号的不重复性，因此可从后向前修改。

（2）轴号显示。

在 Revit2019 软件中，通常默认只显示轴线一端的轴号，如果需要在轴线两端同时显示轴号，可以通过点击【属性】浏览器中的 ⊞ 编辑类型 按钮，弹出对话框后，勾选"平面识图轴号端点1（默认）"，之后绘制出来的轴线就可以在两端均显示轴号，如图3-45所示。

图 3-45　勾选两侧显示轴号

此外，也可以通过点击轴线另一端的小方框 □ ，勾选之后，即可显示该侧轴号，如图 3-46 所示。

图 3-46　勾选小方框显示轴号

（3）显示轴线。

目前，绘制完成的轴网，轴线中段默认未显示。后期绘制墙体时，将受到影响。因此，需要将中段的轴线显示出来。选中任意一根轴线，单击【属性】浏览器中 编辑类型 按钮，在弹出的对话框中选择将"轴线中段"值设置成"连续"，即可使轴线中段正常显示出来，如图 3-47 所示。

图 3-47　显示轴线

（4）添加弯头。

当两根轴线之间的间距很小，距离很近时，可以给轴线添加弯头，其设置方式与标高一致。

2. 拾取轴网

除了直接绘制轴网，还能通过导入 CAD 图形，通过拾取的方式来创建轴网。这种方式比绘制轴网快捷简单。

切换到任意一楼层平面视图来创建轴网，如标高 1，点击【插入】选项卡，然后点击【导入 CAD】按钮，在弹出的对话框中选择需要导入的 CAD 文件的路径，将图纸移动到立面符号中间，锁定图纸。

在【建筑】选项卡下点击 轴网 按钮，在"修改"面板中单击"拾取线" ，将光标移动到 CAD 图纸中的轴线上，单击鼠标左键即可拾取该条轴线，重复上述操作，即可完成其余轴线拾取，完成创建轴网。

项目实战——标高和轴网

当出现非轴网线条与轴线重叠时，应按 Tab 键不断切换选择，直至选中轴线显示高亮时再单击鼠标左键进行拾取，如图 3-48 所示。

图 3-48 拾取创建轴网

最后创建的某三层办公楼项目轴网如图 3-49 所示。

图 3-49 某三层办公楼轴网

3.4 绘制墙体

墙体主要包括承重墙与非承重墙，主要起围护、分隔空间的作用，是建筑设计中的重要组成部分。在实际工程中墙体根据材质、功能分为多种类型，如隔墙、防火墙、复合墙、幕墙等，所以在绘制时，需要综

墙体基本知识

合考虑墙体的高度和厚度、构造做法、立面显示，以及内外墙体的区别等。随着高层建筑的不断涌现，幕墙及异性墙体的应用越来越广泛，而通过 Revit 软件能有效地建立直观的三维信息模型。本节将介绍墙体模型的创建。

3.4.1 墙体基本知识

在 Revit 中，墙体属于系统族，可以根据指定的墙结构参数定义与生成三维墙体模型。墙体创建是在平面视图中进行的，所以可以在项目浏览器里面选择楼层平面来创建墙体。

1. 墙体的类型

在 Revit 中进行墙体模型的创建，可通过功能区"墙"命令来创建。Revit 提供了建筑墙、结构墙和面墙 3 种不同的墙体创建方式。

（1）建筑墙：主要用于创建建筑的隔墙。建筑墙有 3 种类型，即基本墙、叠层墙和幕墙。

（2）结构墙：创建方法与建筑墙完全相同，需使用结构墙体工具创建墙体，可以在结构专业中为墙图元指定结构受力计算模型，并为墙配置钢筋，因此该工具可以用于创建剪力墙等墙图元。

（3）面墙：根据创建或者导入的体量表面生成异形的墙体图元。

2. 墙体的创建方法

墙体创建的一般步骤是：

第一步，先定义好墙体的类型、墙厚、做法、材质、功能等；

第二步，指定墙体的平面位置、高度等参数。

对于墙体的创建，Revit 提供了四种方法。

（1）直接绘制：利用直线工具、弧线工具或者是圆形矩形来绘制，该方法是一种最常见的创建墙体的方法。

（2）拾取线：利用 CAD 图纸，拾取图纸中的墙体线段，生成墙体。

（3）拾取面：先做一个体量，然后基于这个体量面，拾取并生成墙面。

（4）内建：在项目内部，通过内建模型这种方式，可以创建一些不规则的墙体。

对于常规墙体的创建，如四四方方比较横平竖直的一些墙，一般是用绘制或拾取线的方式进行创建。而拾取面、内建则适用于一些异形墙体、不规则墙体的创建。一般绘制墙体时，常使用直线、弧线、矩形、圆形、正方形来创建墙体。

创建墙体的时候还需要区分墙体的内墙面与外墙面，以保证绝对的平面位置。首先，遵守左手法则，即外圈就是外墙面。第二，遵守顺时针方向原则，绘制墙体时，按照顺时针的方向进行绘制的，外圈为外墙面；反过来，如果是逆时针绘制，则外墙面跟内墙面就会反转，即所绘制的墙面的外侧变成内墙面，内侧变成外墙面。

3. 墙体参数

1）高度

在墙体创建的过程中可以选择高度，也可以选择深度。高度创建是在当前平面往上创建，而深度是在当前平面往下创建。在墙体创建过程中，一般情况下选择高度进行创建，如图 3-50 所示。

图 3-50　高度

2）平面定位

（1）定位线：系统提供了 6 种定位线的方法，即墙中心线、核心层中心线、面层面的外部、面层面的内部、核心层的外层、核心层的内部，如图 3-51 所示。在实际的项目过程中，可以选择不同的定位方法对墙体进行创建。

（2）链：如果勾选上，可以对墙体进行连续的绘制；如果不勾选，则只能绘制一面墙体。

（3）偏移量：指在绘制的过程中是否需要进行偏移，偏移量可正可负，当偏移量为正值时，墙体沿绘制方向向左；为负值时，沿绘制方向向右。

（4）半径：在项目创建的过程中一般用得较少。

图 3-51　平面定位

3）属性工具栏

在属性面板里面，可以设置墙体的高度定位。

（1）基准限制条件，设置墙体的底部约束，如处于标高 1 或者标高 2。

（2）底部偏移，设置墙体底部的偏移量。

（3）顶部限制条件和顶部偏移量，设置墙体的顶部高度及顶部偏移量。

（4）无连接高度，当顶部限制条件没有指定绝对的标高位置时，即可选择未连接状态，自定义设置无连接高度参数，以此确定墙体高度，如图 3-52 所示。

图 3-52　属性工具栏

3.4.2 基本墙建模方法

1. 定义墙体

在创建墙体前需要根据墙体构造对墙的结构参数进行定义。墙结构参数包括墙体的厚度、做法、材质、功能等。接下来介绍如何定义墙体类型。

基本墙建模方法

（1）单击"建筑"选项卡下"构件"面板中的"墙：建筑"工具，进入绘制状态，自动切换至"修改|放置墙"，如图 3-53 所示。这时在"绘制"面板上会默认选择"直线"命令。也可用"拾取线"的方式来创建墙体。

图 3-53　"墙：建筑"工具

（2）在选项栏中依次设置"高度"为"2F"，如图 3-54 所示。也可以对墙体的定位线、底部限制条件、底部偏移等墙体的实例属性进行设置。

图 3-54　设置"高度"为"2F"

（3）在"属性"面板中，找到"常规 –200mm"类型，点击"编辑类型"按钮，打开"类型属性"对话框。复制并修改名字为"科研楼 1 楼外墙"，如图 3-55 所示。

（4）单击"类型参数"列表中"结构"参数的"编辑"按钮，弹出"编辑部件"对话框，如图 3-56 所示，系统默认的墙体已有的功能只有结构[1]部分，在此基础上可插入其他功能结构层，来定义墙体的构造。

（5）单击"编辑部件"对话框中"结构[1]"的材质选项，弹出"材质浏览器"进行材质的定义，例如，选择"砌体-普通砖"，如图 3-57 所示。

图 3-55 修改名字

图 3-56 编辑部件

图 3-57 材质浏览器

（6）单击"编辑部件"对话框中的"插入"按钮，在结构定义中为墙体创建新的构造层。更改该层为"面层 1[4]"，同时修改厚度值为"5"，单击层编号，单击"向上"按钮，将该层移至"1"处，如图 3-58 所示。

（7）进行面层材质编辑，选择材质浏览器左下角的"新建材质"，重命名为"外墙饰面砖 2"，然后根据内容修改材质的外观和图形信息，完成后单击"确定"按钮，如图 3-59 所示。

图 3-58　创建新的构造层　　　　　　　图 3-59　重命名

2. 绘制墙体

定义好墙体后，便可以进行墙体的绘制。

（1）在属性面板中进行参数设定，例如，设定底部限制为标高 1，顶部约束为标高 2，平面定位线默认是墙中心线。

（2）在"修改|放置墙"选项卡下"绘制"面板中找到绘制工具，如直线工具，进行绘制即可。绘制时注意沿着顺时针方向进行，这样能保证墙体的外侧跟内侧面层的位置准确，绘制完成后，按下键盘上的 Esc 键退出。

3. 创建 1F 建筑墙

按照上述定义墙体和绘制墙体的步骤要求，以及三层办公楼项目建筑墙体实际情况，最终绘制出 1F 建筑墙的平面图如图 3-60 所示，三维视图如图 3-61 所示。

图 3-60　平面图

图 3-61　三维视图

3.4.3　层叠墙建模方法

在"建筑"选项卡下"构件"面板中的"墙：建筑"工具中，系统提供了三个选项："基本墙"系统族、"叠层墙"系统族和"幕墙"系统族。把"基本墙"系统族中的墙类型作为子墙，两面或者多面子墙叠放在一起，子墙在不同的高度可以具有不同的墙厚度及墙体材质，即为叠层墙。接下来，对叠层墙的创建方法进行介绍。

叠层墙建模方法

1. 定义叠层墙

（1）单击"建筑"选项卡下"构件"面板中的"墙：建筑"工具，进入绘制状态，自动切换至"修改|放置墙"。

（2）在选项栏中依次设置"高度"、定位线、底部限制条件、底部偏移等墙体的实例属性。

（3）在"属性"面板，点击"编辑类型"按钮，打开"类型属性"对话框，选择"基本墙"系统族。复制三个子墙并重新命名，复制并命名为"地下室外墙""一楼外墙""二楼外墙"。

（4）在"属性"面板中点击"编辑类型"按钮，打开"类型属性"对话框，选择"叠层墙"系统族。复制并重新命名，复制并命名为"墙 1"，如图 3-62 所示。

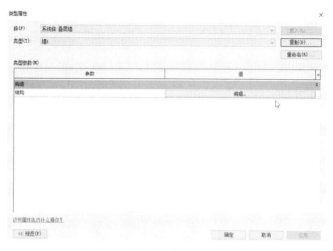

图 3-62　复制并命名为"墙 1"

（5）单击"类型参数"列表中"结构"参数的"编辑"按钮，弹出"编辑部件"对话框，如图 3-63 所示。然后在叠层墙中可以下拉选择：底部设置为地下室外墙，中间设置为一楼外墙，顶部设置为二楼外墙，同时设置不同子墙的高度等参数，如图 3-64 所示。

图 3-63 "编辑部件"对话框

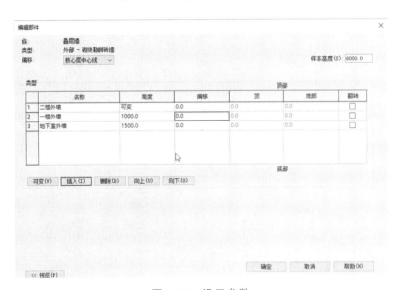

图 3-64 设置参数

2. 绘制叠层墙

设置好叠层墙的结构之后，点击"确定"按钮，即可在项目上对叠层墙进行绘制。

在"修改|放置墙"选项卡中，在"绘制"面板上找到绘制工具，如直线工具，进行绘制即可。

由于叠层墙是可以由不同的基本墙组合而成的，所以可以利用叠层墙工具创建更加复杂的墙体。

3.4.4　幕墙建模方法

幕墙是现代大型和高层建筑常用的带有装饰效果的轻质墙体，是由面板和支承结构体系组成的一种墙类型。绘制幕墙时，Revit 会将嵌板按网格分割规则在长度和高度方向自动排列。常见的玻璃幕墙结构形式有隐框、半隐框、明框、点式、全玻璃等。

幕墙建模方法

幕墙按创建方法的不同，可以分为常规幕墙和幕墙系统两大类。常规幕墙的创建与编辑方法与墙类似；幕墙系统则分为规则幕墙系统和面幕墙系统，可以用来快速地创建异形曲面幕墙。

幕墙由幕墙嵌板、幕墙网格、幕墙竖梃三大部分组成。幕墙嵌板是构成幕墙的基本单元，幕墙由一块或多块嵌板组成。嵌板的大小由划分幕墙的幕墙网格决定。

1. 创建幕墙

创建幕墙的方式和墙体一样，可以使用以下方法创建：绘制墙、拾取线、拾取面的方式进行。注意幕墙绘制的方向和内外方向。

（1）打开楼层平面视图或者三维视图。

（2）单击"建筑"或者"结构"选项卡下"构建"面板中的"墙：建筑"工具，进入绘制状态，自动切换至"修改|放置墙"。

（3）在属性面板"类型选择器"下拉列表中，选择"幕墙"类型，在属性面板上或者选项栏中可对幕墙的"高度"进行设置，如图 3-65 所示。

（4）单击"属性"面板中，点击"编辑类型"按钮，打开"类型属性"对话框，当前族为"系统族：幕墙"，使用"复制"工具复制一个新的幕墙，如图 3-66 所示。

图 3-65　属性

图 3-66 复制

2. 编辑幕墙

1）编辑实例属性

幕墙的实例属性设置见图 3-65。

（1）限制条件。

基准限制条件/底部偏移：用于确定幕墙的底部标高。

顶部限制条件/顶部偏移：用于确定幕墙的顶部标高。

（2）垂直/水平网格样式。

对正：对齐位置，可选择起点、终点、中心。

角度：幕墙网格的倾斜角度。

偏移：幕墙嵌板在与墙垂直方向上的偏移距离。

2）编辑类型属性

幕墙的类型属性设置见图 3-66。

（1）构造。

功能：可选择内部或外部。

自动嵌入：当在常规墙体内部绘制幕墙时，将在幕墙位置自动创建洞口，本功能可将幕墙作为带形窗来使用。

幕墙嵌板：设置嵌板类型。当设为空时，则只剩下竖梃，可用来创建空网格模型。

连接条件：控制竖梃的连接方式是边界和水平网格连续还是边界和垂直网格连续。

（2）垂直/水平网格样式。

参数"布局"可以设置幕墙网格线的布置规则为固定距离、最大间距、最小间距、固定数量、无。选择前三种方式要设置参数"间距"值来控制网格线距离，选择"固定数量"则要设置实例参数"编号"值来控制内部网格线数量，选择"无"则没有网格线需要用"幕墙网格"命令手工分割。

（3）垂直/水平竖梃。

内部类型、边界1类型、边界2类型：分别设置幕墙内部和左右（上下）边界竖梃的类型，如果选择"无"，则没有竖梃，也可用"竖梃"命令手工添加。

3. 创建办公楼项目幕墙

下面以办公楼项目幕墙为例，介绍如何创建幕墙。

（1）在Revit中切换至2F楼层平面视图，将分割出来的2F平面图导入并定位到正确位置。

（2）单击"建筑"或者"结构"选项卡下"构建"面板中的

实战练习——墙体绘制

"墙：建筑"工具，进入绘制状态，自动切换至"修改|放置墙"。在属性面板"类型选择器"下拉列表中选择"外部玻璃"，单击属性栏中的"编辑类型"，弹出"类型属性"对话框，将"垂直网格"的间距由"1830mm"改为"1100mm""水平网格"的间距由"4000mm"改为"900mm""垂直竖梃"和"水平竖梃"下的"内部类型"也均改为"无"，如图3-67所示，单击"确定"。

（3）将属性栏中的"底部约束""底部偏移""顶部约束""无连接高度""顶部偏移"等按照项目实际情况修改，如图3-68所示。

（4）添加竖梃。单击"建筑"选项卡下"构建"面板中的"竖梃"，在属性栏上单击"编辑类型"，在弹出的对话框中单击"复制"，将复制的新竖梃命名为"50mm × 150mm"，其属性中的"边2上的宽度"和"边1上的宽度"均设置为"25.0mm"，如图3-69所示。

办公楼项目幕墙的效果如图3-70所示。

类型属性		
族(F)：	系统族：幕墙	载入(L)
类型(T)：	外部玻璃	复制(D)...
		重命名(R)...

类型参数(M)

参数	值
构造	
功能	外部
自动嵌入	☐
幕墙嵌板	无
连接条件	未定义
材质和装饰	
结构材质	
垂直网格	
布局	固定距离
间距	1830.0
调整竖梃尺寸	☐
水平网格	
布局	固定距离
间距	4000.0
调整竖梃尺寸	☐

这些属性执行什么操作？

《预览(P) | 确定 | 取消 | 应用

类型属性		
族(F)：	系统族：幕墙	载入(L)
类型(T)：	外部玻璃	复制(D)...
		重命名(R)...

类型参数(M)

参数	值
构造	
功能	外部
自动嵌入	☐
幕墙嵌板	无
连接条件	未定义
材质和装饰	
结构材质	
垂直网格	
布局	固定距离
间距	1100.0
调整竖梃尺寸	☐
水平网格	
布局	固定距离
间距	900
调整竖梃尺寸	☐

这些属性执行什么操作？

《预览(P) | 确定 | 取消 | 应用

图3-67　第（2）步

图 3-68　第（3）步

图 3-69　第（4）步

图 3-70　效果

3.5　绘制门窗柱、梁

3.5.1　门和窗

门窗建模方法

在 Revit 中，使用门、窗工具可以方便地在项目中添加任意形式的门、窗。在三维模型中，门窗的模型与它们的平面表达并不是对应的剖切关系，在平面图中与 CAD 图表达一致，这说明门窗模型与平立面表达可以相互独立。Revit 中门和窗都是属于外部族，因此，在创建门窗之前必须先在项目中载入所需的门窗族。

1. 插入门

门是基于主体的构件，可添加到任何类型的墙体上，在平、立、剖及三维视图下均可添加门，且门会自动剪切墙体放置。

（1）单击"建筑"选项卡下"构建"面板中的"门"工具，进入绘制状态，自动切换至"修改|放置门"，如图 3-71 所示。

（2）在"类型选择器"的下拉列表中选择需要的门类型，如果需要更多的门类型，可以通过"载入族"命令从族库载入或者和新建墙一样新建不同尺寸的门。

Revit 软件打开"载入族"对话框，然后选择并打开"China"→"建筑"→"门"→"普通门"→"平开门"→"双扇"→"双面嵌板镶玻璃门 3-带亮窗"，如图 3-72 所示。

图 3-71　"门"工具

图 3-72　添加门类型

（3）如图 3-73 所示，放置前，在"选项栏"中选择"在放置时进行标记"，则软件会自动标记门，选择引线可设置引线长度，门只有墙体上才会显示，在墙主体上移动光标，参照临时尺寸标注，当门位于正确的位置时单击"确定"。

图 3-73　在放置时进行标记

（4）在墙上放置门时，拖动临时尺寸线修改临时尺寸的值可以准确地修改门的放置位置，如图 3-74 所示。单击 ↓↑ 控件按钮，可以翻转门的开向。其三维视图如图 3-75 所示。

图 3-74　放置门

图 3-75　门的三维视图

2. 编辑门

1）修改门类型参数

单击"属性"面板中，点击"编辑类型"按钮，打开"类型属性"对话框。在"类型属性"中以"1800 × 2600mm"为基础复制并修改名字为"MC1837"新建门类型，如图 3-76 所示。

2）修改门实例参数

选择门窗，并在"属性"选项卡中设置所需门窗的标高、底高度等实例参数，如图 3-77 所示。

图 3-76　MC1837

图 3-77　修改参数

3）开启方向及临时尺寸控制

选择门，软件将显示临时尺寸和方向控制按钮，如图 3-78 所示，单击临时尺寸文字，可编辑尺寸数值，门位置也将随着尺寸的改变而自动调整；单击翻转方向符号，可调整门的左右、内外开启方向。

图 3-78　开启方向及临时尺寸控制

3. 创建办公楼项目 1F 门

按照编辑门与插入门的步骤进行操作，办公楼项目 1F 门的效果如图 3-79 所示，平面图如图 3-80 所示。

图 3-79　三维效果

图 3-80　平面图

4. 插入窗

窗是基于主体的构件，可添加到任何类型的墙体上，在平、立、剖及三维视图下均可添加窗，且窗会自动剪切墙体放置。创建窗的方法与创建门基本相同，不同点在于创建窗时需要考虑窗台的高度。

（1）单击"建筑"选项卡下"构建"面板中的"窗"工具，进入绘制状态，自动切换至"修改|放置窗"，如图 3-81 所示。

图 3-81　"窗"工具

（2）在"类型选择器"的下拉列表中选择需要的窗类型，如果需要更多的窗类型，可以通过"载入族"命令从族库载入或者和新建墙一样新建不同尺寸的窗。

单击"属性"面板中，点击"编辑类型"按钮，打开"类型属性"对话框。在"类型属性"中"族"下拉列表中找到"三层三列""类型"下拉列表中选择"C1835"，然后点击"确定"，退出"类型属性"对话框，如图 3-82 所示。

（3）如图 3-83 所示，放置前，在"选项栏"中选择"在放置时进行标记"，则软件会自动标记门，选择引线可设置引线长度，门只有在墙体上才会显示，在墙主体上移动光标，参照临时尺寸标注，当门位于正确的位置时单击"确定"。

图 3-82 类型属性

图 3-83 在放置时进行标记

（4）在墙上放置窗时，拖动临时尺寸线修改临时尺寸的值可以准确地修改门的放置位，如图 3-84 所示。单击 ↕ 控件按钮，可以翻转窗的开向。其三维视图如图 3-84 所示。

图 3-84 窗的放置位置及效果图

5. 编辑窗

1）修改门窗实例参数

选择门窗，并在"属性"选项卡中设置所需门窗的标高、底高度等实例参数，如图 3-85 所示。

2）开启方向及临时尺寸控制

选择窗，软件将显示临时尺和方向控制按钮，如图 3-86 所示，单击临时尺寸文字，可编辑尺寸数值，窗位置也将随着尺寸的改变而自动调整；单击翻转方向符号，可调整窗的左右、内外开启方向。

图 3-85　修改参数

图 3-86　开启方向及临时尺寸控制

6. 创建办公楼项目 2F 窗

按照编辑窗及插入窗的步骤进行操作，办公楼项目 2F 窗的效果如图 3-87 所示，平面图如图 3-88 所示。

图 3-87　三维效果

图 3-88　平面图

3.5.2　柱建模方法

3.3.1 节和 3.3.2 节中完成了标高和轴网的绘制，确定了各构件的定位，3.4 节中完成了墙体的绘制，3.5.1 节中完成了门窗的绘制，本节将介绍结构柱的创建方法。

柱建模方法

1．创建结构柱

（1）项目浏览器切换到结构平面视图，如图 3-89 所示，选择"结构"选项卡下"柱"面板中的"垂直柱"命令，如图 3-90 所示。

图 3-89　平面视图

图 3-90　"垂直柱"命令

（2）确认"属性"面板中"类型选择"列表中当前柱族名称为"矩形柱"，如图3-91所示，单击"属性"面板中的"编辑类型"，打开"类型属性"对话框。

（3）如图3-92所示，在"类型属性"对话框中，单击"复制"按钮，在弹出的"名称"对话框中输入"400×450mm"作为新类型名称，完成后单击"确定"按钮返回"类型属性"对话框。

图3-91　属性

图3-92　类型属性

（4）修改类型参数：截面宽度"b"和截面深度"h"的值，分别改为"400"和"450"。完成后单击"确定"按钮退出"类型属性"对话框，完成设置。

（5）确认"放置"面板中柱的生成方式为"垂直柱"；修改选项栏中结构柱的生成方式为"高度"，在其后的下拉列表中选择结构柱到达的标高为"2F"。

注解：

"高度"是指创建的结构柱将以当前视图所在标高为底，通过设置顶部标高的形式生成结构柱，所生成的结构柱在当前楼层平面标高之上。

"深度"是指创建的结构柱以当前视图所在标高为顶，通过设置底部标高的形式生成结构柱，所生成的结构柱在当前楼层平面标高之下。

（6）单击功能区"多个"面板中的"在轴网处"工具，进入"在轴网交点处"放置结构柱模式，自动切换到"修改|放置结构柱"的"在轴网交点处"上下文选项卡。移动光标至轴线交点位置，生成虚线选择框，则上述被选择的轴线显示成蓝色，并在选择框内所选轴线交点处出现结构柱的预览图形，单击"多个"面板中的"完成"按钮，Revit将在预览位置生成结构柱，如图3-93所示。

通过选项栏指定结构柱标高时，还可以选择"未连接"选项。该选项允许用户在后面高度值栏中输入结构柱的实际高度值。

（a）

（b）

（c）

图 3-93　速成结构柱

2. 手动放置结构柱

手动放置结构柱，可使用复制、阵列、镜像等修改工具对结构柱进行修改。

（1）项目浏览器切换到结构平面视图，选择"结构"选项卡下"柱"面板中的"修改|放置

结构柱"命令，确认"放置"面板中柱的生成方式为"垂直柱"，不勾选选项栏"放置后旋转"选项，设置结构柱的生成方式为高度，设置结构柱到达标高为"2F"。

（2）确认当前结构柱类型为已创建的"400 × 500"。移动光标，分别捕捉至A轴线和②轴、③轴线交点位置，单击放置 2 根 400mm × 500mm 结构柱。按 Esc 键两次结束"结构柱"命令，如图 3-94 所示。

（3）选择第（2）步中创建的 2 根结构柱。自动切换到"修改|放置结构柱"上下文选项卡。单击"修改"面板中的"复制"工具，勾选选项栏"约束"选项，同时勾选选项栏"多个"选项，捕捉A轴线任意一点单击作为复制的基点，水平向右移动光标，捕捉到④轴、⑤轴交点位置，将会出现结构柱的预览图形，单击鼠标左键完成复制。按 Esc 键两次退出"复制"工具。

图 3-94　放置结构柱

（4）选中 1F 楼层平面视图中所有的结构柱。单击"修改|放置结构柱"选项卡下"剪贴板"面板中的"复制"命令，再单击"剪贴板"面板中"粘贴"工具下方的下拉三角箭头，从下拉列表中选择"与选定标高对齐"选项，弹出"选择标高"对话框。在列表中选择"2F"，单击"确定"按钮，将结构柱对齐粘贴到 2F 标高位置，如图 3-95 所示。

图 3-95　粘贴

（5）切换到2F楼层平面视图，可以看到已在当前标高中生成相同类型的结构柱图元。选择所有结构柱，将结构柱"属性"面板中"底部标高"与"顶部标高"分别设置为"2F"与"3F""底部偏移"和"顶部偏移"均为"0.00"。

（6）保存该项目文件。

创建结构柱时，默认会勾选"属性"面板中的"房间边界"选项。计算房间面积时，将自动扣减柱的占位面积。Revit软件还会默认勾选结构柱的"随轴网移动"选项，勾选该选项后，当移动轴网时，位于轴网交点位置的结构柱将随轴网一起移动。

3. 创建1F结构柱

下面将介绍如何创建三层办公楼项目1F的结构柱（共8根柱子）。

项目实战——柱、梁、门窗

（1）绘制②~⑦轴和Ⓐ轴处柱子。

① 单击"结构"选项卡下"柱"面板中的"修改|放置结构柱"命令，确认"放置"面板中柱的生成方式为"垂直柱"。

② 在"类型属性"对话框中，选择"混凝土-矩形-柱"的结构柱类型。

单击"复制"按钮，在弹出的"名称"对话框中输入"1F_KZ1_400X500 C30"作为新类型名称，并将尺寸标注下的"h"和"b"的数值分别改为"500"和"400"，单击"确定"，如图3-96所示。

③ 单击属性栏中"结构材质"后方的输入框，单击"新建材质"，如图3-97所示。并在新建的材质上单击鼠标右键，选择"重命名"，将材质名称改为"C30现浇混凝土"。

图3-96　修改类型属性

图3-97　新建材质

④ 如图 3-98 所示，选择新建的该材料，单击"打开/关闭资源浏览器"，然后在搜索框内输入"混凝土"，在搜索列表中找到"混凝土-现场浇筑混凝土"并双击，即将该材料的外观属性赋予给新建的"C30 现浇混凝土"，最后单击"确定"，完成结构柱混凝土强度等级的设置，如图 3-99 所示。

图 3-98　打开资源浏览器　　　　　　　　　　　　　图 3-99　完成设置

⑤ 在选项栏上指定柱的相关属性内容，不勾选"放置后旋转""深度/高度"处选择为"高度"，"标高/未连接"下拉列表中选择标高为"2F"。

（2）其他部位结构柱的创建方式与此相同，对于同一楼层统一名称的柱，也可以用复制的方法将已绘制的同名称的实例复制到相应位置。最终 1F 结构柱的平面图及三维视图如图 3-100 和图 3-101 所示。

图 3-100　平面图

图 3-101　三维视图

3.5.3　梁建模方法

梁建模方法

Revit 中提供了梁和梁系统两种创建模式，创建结构梁之前必须先载入相关的梁族文件。

1. 创建结构梁

（1）项目浏览器切换到结构平面视图，选择"结构"选项卡下的"梁"命令，如图 3-102 所示。属性面板中的属性为一根梁，这根梁是当前系统默认的梁。点击属性面板中的编辑类型选项，弹出对话框，如图 3-103 所示。

图 3-102　"梁"命令

图 3-103　"类型属性"对话框

首先更改族对话框中的梁的种类，如果没有选项可以点击后面的"载入"按钮，载入相应的族"混凝土-矩形梁"族即可，如图3-104所示。当然，前提是我们有族文件，不过对于普通的族，Revit软件自带的族就可以胜任。

图 3-104　载入梁族

（2）在"类型属性"对话框中，单击"复制"按钮，在弹出的"名称"对话框中输入"300 × 600 mm"作为新类型名称，并将尺寸标注下的"h"和"b"的数值分别改为"300"和"600"，单击"确定"，如图3-105所示。

图 3-105　输入新类型名称

（3）由于"混凝土-矩形梁"是边梁，需要与柱外边缘对齐，使用"对齐"命令将梁边对齐柱边缘。另外，"混凝土-矩形梁"应与板顶齐平，如图 3-106 和图 3-107 所示。

图 3-106　将梁边对齐柱边缘

图 3-107　梁与板顶齐平

2. 创建 1F 结构梁

下面创建办公楼项目 1F 的结构梁，此处以混凝土-矩形梁 250 × 300 mm 为例，介绍 1F 结构梁的创建方法。直接在导入的 CAD 图纸上创建结构梁。

由办公楼项目首层梁平法施工图可知，1F 混凝土-矩形梁 250 × 300 mm 尺寸为 250 mm × 300 mm。由楼层标高表可知，1F 梁的混凝土等级为 C30。

创建 1F 混凝土-矩形梁 250 × 300 mm 的具体步骤如下：

（1）导入 CAD 图纸到 Revit 中并定位到合适位置，在此基础上创建结构梁。

（2）将视图切换到 1F 楼层平面，在属性栏中点击"视图范围"后的"编辑"按钮，将视图范围设置成如图 3-108 所示的数值，以确保所创建的梁在 1F 平面视图中可见。

（3）按 3.5.3 节"1. 创建结构梁"中第（2）步的方法创建结构梁。

（4）将选项栏中"放置平面"的标高选择为"标高：2F"。

（5）在属性栏中点击"结构材质"后的"设置材质"按钮，将梁的材质设置为"C30 现浇混凝土。"

（6）在底图 KL3 的位置依次点取梁的起点和终点以绘制混凝土-矩形梁 250 × 300 mm 构件。绘制完成后按 Esc 键退出绘制状态即可。

图 3-108　第（2）步

其他部位结构梁的创建方式与此相同，对于同一楼层统一名称的梁，也可以用复制的方法将已绘制的同名称的实例复制到相应位置。最终 1F 结构梁的平面图及三维视图如图 3-109~图 3-111 所示。

图 3-109　结构梁

图 3-110　平面图

图 3-111　三维视图

3.6　绘制天花板、楼板、屋顶

Revit 中创建结构板和建筑板的方法类似，本节通过创建办公楼项目 1F 顶板来介绍板的创建方法。

楼板、天花板基本知识及
创建方法

3.6.1　楼板、天花板、屋顶基本知识

1. 楼板层的基本组成

楼板层通常由面层、楼板和顶层三部分组成。多层建筑中的楼板层往往还需设置管道敷设、防水隔声、保温等各种附加层。

面层又称楼面或地面，位于楼板层的最上层，起着保护楼板、承受并传递荷载的作用，同时对室内起美化装饰作用。

楼板是楼板层的结构层，其主要功能是承受楼板层上的全部荷载，并将这些荷载传给墙或柱，同时还对墙身起水平支撑作用，以加强建筑物的整体刚度。

顶棚位于楼板层最下层。其主要作用是保护楼板，安装灯具，遮挡各种水平管线，改善使用功能，装饰美化室内空间。

2. 楼板层的基本类型

根据使用材料的不同，楼板分为木楼板、钢筋混凝土楼板、压型钢板组合楼板等。

（1）木楼板。木楼板在由墙或梁支撑的木搁栅间，是由设置增强稳定性的剪刀撑构成的。木楼板具有自重轻、保温性能好、舒适、有弹性、节约钢材和水泥等优点。木楼板只在木材产地采用较多，但耐火性和耐久性均较差，且造价偏高，为节约木材和满足防火要求，现较少采用。

（2）钢筋混凝土楼板。钢筋混凝土楼板具有强度高、刚度好、耐火性和耐久性好、可塑性好的优点，在我国便于工业化生产，应用最广泛。按施工方法不同，其可分为现浇式、装配式和装配整体式三种。

（3）压型钢板组合楼板。压型钢板组合楼板是截面为凹凸形的压型钢板与现浇混凝土面层组合形成的整体性很强的一种楼板结构。压型钢板既为面层混凝土的模板，又起结构作用，从而增加楼板的侧向和竖向刚度，使结构的跨度加大，梁的数量减少，楼板自重减轻，加快施工进度，在高层建筑中得到广泛的应用。

3.6.2　楼板建模方法

（1）项目浏览器切换到结构平面视图，选择"结构"选项卡下的"楼板"命令，如图 3-112 所示。自动切换到"修改|创建楼层边界"选项卡，如图 3-113 所示，可使用"边界线""拾取线""多边形""直线"等其他方式绘制楼板范围的外边线。

图 3-112　"楼板"命令

图 3-113　边界线

（2）单击"属性"面板，点击"编辑类型"按钮，打开"类型属性"对话框。在"类型属性"中以"现场浇筑混凝土 225mm"为基础复制并修改名称为"混凝土-板 C30"，创建新的楼板类型，如图 3-114 所示。单击"类型参数"列表中"结构"参数的"编辑"按钮，弹出"编辑部件"对话框，修改"结构"厚度为 100mm。修改材质，命名为"常规-100mm"，参数如图 3-115 和图 3-116 所示。其他不同属性的楼板也根据这种方法进行添加、修改。

图 3-114　修改名称

图 3-115　编辑参数

图 3-116　修改材质

（3）创建 1F 结构板。

下面创建办公楼项目 1F 的结构板，此处以 ②轴、⑤轴和 Ⓑ轴、Ⓒ轴围成的板为例，介绍 1F 结构板的创建方法。

① 将视图切换到 1F 楼层平面。

② 导入 CAD 图纸，并在 Revit 中定位好。

③ 单击"结构"选项卡下"楼板"面板中的"楼板：结构"命令，自动切换到"修改|创建楼层边界"选项卡，在"绘制"面板中，单击"拾取线"工具，拾取导入的 CAD 图纸上的边线作为楼板的边界，然后单击"编辑"面板中的"修剪"工具，使楼板边界闭合，如图 3-117 和图 3-118 所示。

项目实战

——天花板、楼板、屋顶

④ 单击"属性"面板，点击"编辑类型"按钮，打开"类型属性"对话框。在"类型属性"中以"现场浇筑混凝土 225mm"为基础复制并修改名称为"常规-100mm"，创建新的楼板类型，如图 3-119 所示。

⑤ 单击"类型参数"列表中"结构"参数的"编辑"按钮，弹出"编辑部件"对话框，修改"结构"厚度为 100mm，如图 3-120 所示。修改材质，命名为"混凝土_钢砼"。其他不同属性的楼板也根据这种方法进行添加修改。

⑥ 单击"修改"选项卡下"模式"面板中的"√"，完成板的创建，如图 3-121 所示。

图 3-117　捡取边线

图 3-118　修剪

图 3-119　修改名称

图 3-120　修改参数

图 3-121 完成板的创建

⑦ 1F 的其他结构顶板均可采取此方法绘制，根据项目实际情况也可采用多种方法配合使用，最终效果如图 3-122 所示。

图 3-122 最终效果

3.6.3 天花板建模方法

1. 自动创建天花板

选择"建筑"选项卡，单击"构建"面板上的"天花板"工具，"自动创建天花板"工具处于活动状态，可以在以墙为界限的区域内创建天花板，单击完成即可，如图 3-123 所示。

图 3-123 自动创建天花板

2. 绘制天花板

单击绘制天花板工具，进入"修改/放置天花板"上下文选项卡，单击"绘制"面板中的"边界线"工具，选择边界线类型后就可以在绘图区域绘制天花板轮廓了。

3.6.4 屋顶建模方法

屋顶是房屋最上层起覆盖作用的围护结构，根据屋顶排水坡度的不同，常见的有平屋顶、坡屋顶两大类，其中坡屋顶具有很好的排水效果。在 Revit 中提供了多种建模工具，如迹线屋顶、拉伸屋顶、面屋顶、玻璃斜窗等创建屋顶的常规工具。

本节通过创建某办公楼项目屋顶来介绍屋顶的创建方法。由于本项目屋顶为平屋顶，采用迹线屋顶的使用方式与楼板类似，通过在平面视图中绘制屋顶的投影轮廓边界的方式创建屋顶，并在迹线中指定屋顶坡顶，形成复杂的坡屋顶。因此本节内容以平屋顶为例来介绍屋顶的创建，其余方法不作介绍。

屋顶建模方法

（1）单击"建筑"选项卡下"构建"面板中的"屋顶"工具，选择"迹线屋顶"选项，如图3-124所示。自动切换至"修改|创建屋顶迹线"选项卡。

图 3-124　迹线屋顶

（2）在"属性"面板中，点击"编辑类型"按钮，打开"类型属性"对话框。在"类型属性"中以"木椽184mm-沥青屋面板"为基础复制并修改名称为"科研楼屋顶"，创建新的屋顶类型，如图3-125所示。

（3）在"类型属性"对话框中，修改结构层厚度，可在这里添加不同厚度的面层，以及对材料进行修改，如图3-126所示。

图 3-125　修改名称

图 3-126　修改参数

（4）在绘制面板中选择"边界线"，确认生成边界线的方式为"拾取线"，不勾选"定义坡度"选项。选项栏中的"悬挑"设置为"400mm"。

（5）依次沿着外墙外边线单击拾取，将沿外墙生成屋顶迹线。可以把光标移至墙的位置，按键盘上 Tab 键，连续按几次，直到把外围的墙选中再单击。

（6）确认"属性"面板中"底部标高"设置为"屋顶"，在 Revit 中，屋顶工具创建的屋顶图元底面将与所指定的楼层标高对齐。

（7）完成后单击功能区"模式"面板中的"完成编辑模式"按钮。

某三层办公楼项目屋顶的三维效果如图 3-127 所示。

图 3-127　三维效果

3.7　绘制楼梯、栏杆扶手、坡道、洞口

3.7.1　栏杆扶手建模方法

栏杆扶手、坡道建模方法

创建栏杆扶手的方法有两种：一是通过绘制路径的方法；二是通过放置在楼梯/坡道上的方法。

1. 通过绘制路径创建

（1）新建一个建筑项目，单击"建筑"选项卡→"楼梯坡道"面板→"栏杆扶手"按钮，选择"绘制路径"选项，如图 3-128 所示。

图 3-128　绘制路径

（2）在"属性"面板中点击"编辑类型"按钮，打开"类型属性"对话框。在"类型属性"中以"900mm 圆管"为基础复制并修改名称为"1200mm"，创建新的栏杆扶手类型，将顶部扶栏高度设置为 1200mm，如图 3-129 所示。

（3）对扶栏结构（非连续）及栏杆位置根据实际情况进行编辑。

图 3-129　修改参数

（4）完成参数设置后单击"确定"按钮退出对话框，在绘制区域，绘制出想要的路径，切换至三维视图，如图 3-130 所示。

图 3-130　三维视图

2. 通过放置在楼梯/坡道上创建

（1）单击"建筑"选项卡下"楼梯坡道"面板中的"栏杆扶手"工具，选择"放置在楼梯/坡道上"选项，自动切换至"修改|创建栏杆扶手路径"，如图 3-131 所示。

图 3-131　放置在楼梯/坡道上

（2）在属性面板中，点击"编辑类型"按钮，打开"类型属性"对话框，定义栏杆扶手的各参数。在三维视图中，选择需要设置栏杆的楼梯，即可完成栏杆扶手的创建，如图 3-132 所示。

图 3-132　最终效果

3.7.2　坡道建模方法

坡道在建筑中的应用范围比较广泛，如地下车库、商场、超市、飞机场等公共场合。

（1）打开平面视图或三维视图界面。

（2）单击"建筑"选项卡下"楼梯坡道"面板中的"坡道"工具，自动切换至"修改|创建坡道草图"选项卡，如图 3-133 所示。

图 3-133　"坡道"工具

（3）选择"绘制"面板上的"梯段"命令，点击"线"或"圆心-端点弧"。跟绘制楼梯的方法一样，在绘图区域中按要求绘制。

（4）在"属性"对话框中，将"宽度"修改为 1200mm，如图 3-134 所示。

图 3-134　修改宽度

（5）绘制完成后，单击"完成编辑模式"按钮，完成创建。

3.7.3　楼梯建模方法

楼梯主要由梯段、梯梁、休息平台、斜梁等组成，在 Revit 可以通过梯段、平台、支座三种途径创建楼梯。

楼梯建模方法

按梯段创建楼梯：

（1）新建建筑项目，在默认的标高 1 楼层平面创建。

（2）在"建筑"选项卡中选择"楼梯坡道"工具面板，单击"楼梯"工具，再单击"梯段"，如图 3-135 所示。梯段这里又有直梯、全踏步螺旋、圆心-单点螺旋、L 形转角和 U 形转角这几种形式。

图 3-135　"梯段"工具

（3）以普通的现浇双跑楼梯为例，选择属性栏里的"编辑"，可以定义楼梯的各部分尺寸类型参数，如图 3-136 所示。

图 3-136　修改参数

（4）在绘图区域任意位置单击，往水平方向移动光标，当灰色数字显示"创建了 11 个梯面，剩余 11 个时"的时候单击，再垂直移动光标，找到另一起步位置再单击，往水平移动光标，在与上梯段平齐的地方单击，创建完成，如图 3-137 所示。

图 3-137　创建楼梯

（5）多层楼梯的创建：进入任意一个立面视图，创建项目所需的多个标高，如图 3-138 所示。选中楼梯（注意避开栏杆），单击"选择标高"按钮，如图 3-139 所示，框选所需标高，点击"确定"，创建完成。

图 3-138　标高　　　　　　　　　　　　图 3-139　完成创建

3.7.4　洞口建模方法

在 Revit 中，不仅可以通过编辑楼板、屋顶、墙体的轮廓来实现开洞口，还可以通过专门的"洞口"命令来创建面洞口、竖井洞口、墙洞口、垂直洞口、老虎窗洞口等。特别注意的是，竖井的作用主要是切结构楼板、屋面、中庭。竖井所通过的以及接触的板都会被开洞。注意楼梯不能用竖井，电梯、风道可用。竖井不切建筑面层，建筑面层画的时候就得绕开编辑边界。

洞口建模方法

1. 面洞口

单击"建筑"选项卡下"洞口"面板中的"按面"工具，单击"面洞口"命令，拾取屋顶、楼板或天花板的某一面并垂直于该面进行剪切，绘制洞口形状，单击"完成洞口"命令，完成洞口的创建，如图 3-140 所示。

图 3-140　面洞口

2. 竖井洞口

单击"建筑"选项卡下"洞口"面板中的"按面"工具，单击"竖井洞口"命令，选项在建筑的整个高度上（或通过选定标高）剪切洞口，使用此选项，可以同时剪切屋顶、楼板或天花板的面。单击"竖井洞口"按钮，通过绘制或者拾取墙的命令绘制洞口轮廓，绘制的主体图元为楼板。绘制完洞口轮廓后，单击"完成编辑模式"按钮，调整洞口剪切的高度，选择洞口，然后在"属性"选项栏中设定"底部限制条件"和"顶部约束"，如图 3-141 所示。

图 3-141　竖井洞口

3. 墙洞口

单击"建筑"选项卡下"洞口"面板中的"按面"工具，单击"墙洞口"命令，选择墙体，绘制洞口形状完成洞口的创建，如图 3-142 所示。

图 3-142　墙洞口

4. 垂直洞口

单击"建筑"选项卡下"洞口"面板中的"按面"工具，单击"垂直洞口"命令，拾取屋顶、楼板或天花板的某一面并垂直于某个标高进行剪切，绘制洞口形状，单击"完成洞口"命令，完成洞口的创建，如图 3-143 所示。

图 3-143　垂直洞口

3.8　族

Revit 中的所有图元都是基于族的。"族"是 Revit 中使用的一个功能强大的概念，有助于我们更轻松地管理数据和进行修改。每个族图元能够在其内定义多种类型，根据族创建者的设计，每种类型可以具有不同的尺寸、形状、材质设置或其他参数变量。使用 Revit 的一个优点就是，我们不必学习复杂的编程语言就能够创建自己的构件族。

项目实战
——楼梯、栏杆扶手、坡道、洞口

3.8.1　关于族

Revit 中有三种类型的族：系统族、可载入族和内建族。在项目中创建的大多数图元都是系统族或可载入族。可以组合可载入族来创建嵌套和共享族。

系统族是在 Autodesk Revit 中预定义的族，包含基本建筑构件，如墙、窗、门、屋顶、楼板，如图 3-144~图 3-146 所示。例如，基本墙系统族包含定义内墙、外墙、基础墙、常规墙和隔断墙样式的墙类型。可以复制和修改现有系统族。但不能创建新系统族，可以通过指定新参数定义新的族类型。

关于族

墙 (WA)

用于在建筑模型中创建非结构墙。

使用类型选择器指定要创建的墙类型，或者使用默认类型创建常规墙并在以后指定不同的墙类型。

图 3-144　墙

迹线屋顶

创建屋顶时使用建筑迹线定义其边界。

要按照迹线创建屋顶，请打开楼层平面视图或天花板投影平面视图。

创建屋顶时您可以为其指定不同的坡度和悬挑，或者可以使用默认值并以后对其进行优化。

图 3-145　迹线屋顶

楼板

按建筑模型的当前标高创建楼板。

要使楼板与现有墙对齐，请使用"拾取墙"工具。或者要绘制楼板边界草图，请绘制线或拾取模型中现有的线。

楼板将从创建楼板所依据的标高向下偏移。

图 3-146　楼板

可载入族主要用于安装在建筑内和建筑周围的建筑构件，如窗、门、橱柜、装置、家具和植物等，如图 3-147~图 3-149 所示。

门 (DR)

将门添加到建筑模型中。

使用类型选择器指定要添加的门的类型，或者将所需的门族载入项目中。

图 3-147　门

窗 (WN)

将窗添加到建筑模型中。

使用类型选择器指定要添加的窗的类型，或者将所需的窗族载入项目中。

图 3-148　窗

放置构件 (CM)

根据选定的图元类型，将图元放置在建筑模型中。

使用下拉列表选择图元类型。（如果没有列出所需类型，请使用"载入族"工具将其载入项目中。）

然后在绘图区域中单击，将该类型的图元放置在建筑模型中。

图 3-149　放置构件

安装在建筑内和建筑周围的系统构件，有锅炉、热水器、空气处理设备和卫浴装置等。

常规自定义的一些注释图元，有符号和标题栏。

它们具有高度可自定义的特征，因此可载入族是在 Revit 中最常创建和修改的族。与系统族不同，可载入族是在外部 RFA 文件中创建的，并可导入或载入项目中。对于包含许多类型的可载入族，可以创建和使用类型目录，以便仅载入项目所需的类型。

内建图元是需要创建当前项目专有的独特构件时所创建的独特图元。可以创建内建几何图形，以便它可参照其他项目几何图形，使其在所参照的几何图形发生变化时进行相应大小调整和其他调整。创建内建图元时，Revit 将为该内建图元创建一个族，该族包含单个族类型。

1. 将族添加到项目中

打开或开始创建一个项目。要将族添加到项目中，可以将其拖拽到文档窗口中，也可以执行"插入"选项卡→"从库中载入"面板→"载入族"命令，将其载入，如图 3-150 所示。一旦族载入项目中，载入族会与项目一起保存。所有族将在"项目浏览器"面板中各自的构件类别下列出，如图 3-151 所示。执行项目时无须原始族文件。

图 3-150　"载入族"命令　　　　　　　　　　图 3-151　项目浏览器

2. 创建可载入族的常规步骤

（1）选择适当的族样板，如图 3-152 所示。

图 3-152　选择样板文件

（2）定义有助于控制对象可见性的族的子类别，如图 3-153 所示。

图 3-153　族类别和族参数

（3）布局有助于绘制构件几何图形的参照平面，如图 3-154 所示。

图 3-154　参照平面

（4）添加尺寸标注以指定参数化构件几何图形，如图 3-155 所示。

图 3-155　尺寸标注

（5）全部标注尺寸以创建类型或实例参数，如图 3-156 所示。

图 3-156 参数类型

（6）调整新模型以验证构件行为是否正确，如图 3-157 所示。

图 3-157 调整参数

（7）保存新定义的族，如图 3-158 所示。

图 3-158　保存族

（8）将新定义的族载入新项目，然后观察它如何运行，如图 3-159 所示。

图 3-159　载入族

3.8.2 门窗族的制作

1. 推拉门族的制作

例如：制作的一个铝合金玻璃门族，两边的两扇门固定，中间的两扇可推拉，如图3-160所示。

门窗族的制作（一）

图 3-160 铝合金玻璃门

1）创建门框

（1）新建族文件。

选择"公制门.rft"样板，如图3-161所示。注意：必须根据各种相应的族样板创建新的构件族，如门族可以使用门或基于墙的族样板。

（2）以"铝合金玻璃门四扇推拉门.rfa"文件名保存。选项中最大备份数改为1即可，如图3-162所示。

图 3-161 选择样板文件

（a）

（b）

图 3-162　保存文件

（3）把框架投影外部、框架投影内部、门框这些在铝合金门族中用不到的图元删除。进入立面外部视图，把表示门开合方向的线也删除，如图 3-163 和图 3-164 所示。

图 3-163　删除图元

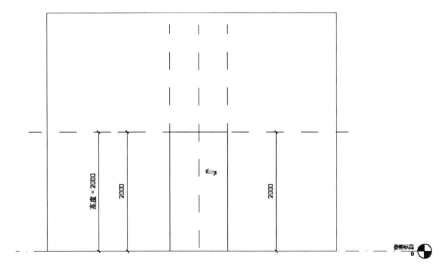

图 3-164　删除表门开合方向的线

（4）进入参照标高楼层平面，执行"创建"选项卡下"工作平面"面板中的"设置"命令，在弹出的"工作平面"对话框中，选择"拾取一个平面"选项，如图 3-165 所示。点击墙体外部的参照平面，在"转到视图"对话框中选择"立面：外部"作为工作平面。

图 3-165　"工作平面"对话框

（5）创建一个实心"拉伸"，如图 3-166 所示。沿着门洞的位置创建一个矩形，并把四周锁定，如图 3-167 所示。

图 3-166　实心拉伸

图 3-167　锁定四周

（6）继续在相同的位置绘制一个矩形，此时在选项栏中把矩形的偏移量设置成 20。把门下部的两根线删除，如图 3-168 所示。

图 3-168　删除门下部的两根线

（7）在门框的下部各绘制一根短线条，并锁定。

（8）采用"修剪/延伸到角"工具，修整线型。

（9）点击"√"完成编辑模式，在属性面板中，把"拉伸终点"改为 100。

（10）在族类型面板中，调整参数，确定门框是否是与门洞关联调整的，如图 3-169 和图 3-170 所示。

图 3-169　修改

图 3-170　调整参数

2）创建门扇

（1）在门中心左右两边分别绘制一条参照平面并使用对齐标注（EQ）。

（2）使用拉伸命令绘制两个矩形，偏移 50 并锁定，拉伸终点设为 50，对门框进行对齐标注并赋予参数：门框厚。

（3）绘制门扇玻璃：使用拉伸命令绘制矩形，如图 3-171 所示。拉伸起点、终点改为 20 和 30，绘制完成后选中矩形，在属性栏点击材质后面的小按钮，新建一个玻璃材质，在族类型属性中将玻璃材质改为玻璃，效果如图 3-172 所示。

图 3-171　绘制矩形

图 3-172　效果

（4）定义门扇宽度，用对齐工具标注门扇宽，并赋予参数"门扇宽"，在属性后面添加公式"二宽度/4"，如图 3-173 所示。

图 3-173　门扇宽

（5）绘制第二扇门扇，方法类似。注意将门框拉伸起点和终点改为 50 和 10，玻璃拉伸起点和终点改为 70 和 80。效果如图 3-174 所示。

图 3-174　效果

（6）右边两扇门扇绘制方法类似，注意拉伸起点、终点的设置，效果如图 3-175 所示。

图 3-175　效果

（7）调试各个参数，查看各参数之间是否关联。

3）平面表达

（1）新建一个建筑样板项目文件，并绘制一道墙体，按 Ctrl + Tab 组合键，切换到"铝合金玻璃门四扇带亮窗.rfa"族文件，点击"载入到项目"命令，在墙体上创建铝合金玻璃门四扇带亮窗门类型。观察到平面视图中该门的显示，如图 3-176 所示。

图 3-176　平面视图

（2）切换到"铝合金玻璃门四扇带亮窗.rfa"族文件，按 Ctrl 键，加选所创建的所有门框和玻璃构件。在"属性"面板中，点击"可见性/图形替换"，如图 3-177 所示。去除勾选两项内容，点击"确定"。

图 3-177　族图元可见性设置

（3）再次点击"载入到项目"中，点击"覆盖现有版本"，在项目中观察修改之后的效果。楼层平面显示为空，南立面显示如图 3-178 所示。

图 3-178　南立面显示

（4）切换到"铝合金玻璃门四扇带亮窗.rfa"族文件，点击"注释"→"符号线"，沿着模型的边线绘制符号线，如图 3-179 所示，注意绘制完之后锁定。在"族图元可见性设置"对话框中勾选并设置，如图 3-180 所示。

图 3-179　绘制符号线

图 3-180　族图元可见性设置

（5）最终效果，如图 3-181 和图 3-182 所示。

图 3-181　最终效果（平面）

图 3-182　最终效果（三维）

2. 窗族的制作

例如：制作的一个铝合金玻璃平开窗族，如图 3-183 所示。

1）创建窗框

（1）新建族文件。

选择"公制窗.rft"样板，如图 3-184 所示。

门窗族的制作（二）

图 3-183 铝合金玻璃平开窗

图 3-184 选择样板文件

（2）以"平开窗.rfa"文件名保存。选项中最大备份数改为"1"即可。

（3）进入项目浏览器的立面内部视图，执行"创建"选项卡下"工作平面"面板中的"设置"命令，在弹出的"工作平面"对话框中，选择"名称"选项，如图3-185所示。点击参照平面：中心（前/后），点击"确定"。

图 3-185　工作平面

（4）创建一个"实心拉伸"，沿着门洞的位置创建一个矩形，并把四周锁定，如图 3-186 所示。

图 3-186　"实心拉伸"命令

（5）继续在相同的位置绘制一个矩形，在选项栏中把矩形的偏移量设置成 40，如图 3-187 所示，绘制完成后，如图 3-188 和图 3-189 所示。

图 3-187　偏移量设置

图 3-188　矩形 1

图 3-189　矩形 2

2）创建窗框挡

（1）在窗框的上部绘制一根横挡，采用"偏移工具"向下偏移 40。

（2）点击拆分图元工具，在横挡与窗框的交接处的位置拆分。

（3）利用修剪工具，把多余的轮廓线修剪掉，然后点击完成编辑。

（4）设置窗的拉伸终点为-30，拉伸起点为 30。

（5）设置窗框的子类别为框架/竖梃。

3）制作窗扇

制作窗扇的方式同门扇，此处不再赘述。

4）制作窗开启线

（1）点开"注释"选项卡中的"符号线"，如图 3-190 所示。将子类别改为"立面打开方向 [投影]"，如图 3-191 所示。

图 3-190　"符号线"工具

图 3-191　更改子类型

（2）用直线命令绘制窗的开启线，如图 3-192 所示。

图 3-192　绘制窗的开启线

5）制作窗的平面表达

窗的平面表达同门的平面表达类似，此处不再赘述。

3.9　体　量

体量是在建筑模型的初始设计中使用的三维形状。通过体量研究，可以使用造型形成建筑模型概念，从而探究设计的理念。概念设计完成后，可以直接将建筑图元添加到这些形状中。

概念体量设计的功能非常强大，弥补了一部分常规建模方法的不足。在方案推敲（见图 3-193）、曲面异形建模（见图 3-194）、高效参数化设计等方面都有非常好的运用。例如，曲面玻璃幕墙的设计，可以在改变样式的同时单元玻璃自动变化，统计明细表也自动更新。在室内装修方面也有运用，如设计地面铺装或者墙面、顶棚样式时，利用不同的自适应族结合可以快速建立大面积的模型，并得到清晰的明细表，包括预算信息。

（a）　　　　　　　　　　　　　　　（b）

图 3-193　方案推敲

图 3-194　曲面异形建模

体量可以在项目内部（内建体量）或项目外部（可载入体量族）创建。

内建体量：用于表示项目独特的体量形状，如图3-195所示。

图3-195　内建体量

可载入体量族（新建概念体量族）：在一个项目中放置体量的多个实例或者在多个项目中使用体量族时，通常使用可载入体量族，如图3-196所示。

图3-196　概念体量

要创建内建体量和可载入体量族，需要使用概念设计环境。概念设计环境是指一类族编辑器，可以使用内建和可载入族体量图元来创建概念设计。在大多数情况下，概念体量会经过多次迭代，才能满足所需的项目要求。概念体量的工作流程如下：

（1）使用"概念体量"或"自适应公制常规模型"样板打开新的族。

（2）绘制点、线和将构成三维形状的二维形状。

（3）将二维几何图形拉伸至形状。

（4）分割形状表面以准备构件的形状（可选）。

（5）应用参数化构件（可选）。

（6）载入概念体量到项目中。

3.9.1　关于体量

创建体质模型的方法主要有两种：一是内建体量，二是新建概念体量族。

关于体量

1. 内建体量

内建体量是指创建特定于当前项目上下文的体量。此体量不能在其他项目中重复使用。单击"体量和场地"选项卡下"概念体量"面板中的"内建体量"工具。注意：默认体量为不可见，为了创建体量，可先激活"显示体量"模式。如果在单击"内建体量"时尚未激活"显示体量"模式，则 Revit 会自动将"显示体量"激活，并弹出如图 3-197 所示的"体量-显示体量已启用"对话框，直接单击"关闭"即可。

在弹出的如图 3-198 所示的"名称"对话框中输入内建体量族的名称，然后单击"确定"即可进入内建体量的草图绘制界面。

图 3-197　"体量-显示体量已启用"对话框　　　　　图 3-198　"名称"对话框

Revit 将自动打开如图 3-199 所示的"内建模型体量"上下文选项卡，将列出创建体量的常用工具。可以通过绘制、载入或导入的方法得到需要被拉伸、旋转、放样、融合的一个或多个几何图形。

图 3-199　"内建模型体量"选项卡

可用于创建体量的线类型包括下列几种：

模型线：使用模型线工具绘制的闭合或不闭合的直线、矩形、多边形、圆、圆弧、样条曲线椭圆、椭圆弧等都可以被用于生产体块或面。

参照线：使用参照线来创建新的体量或者创建体量的限制条件。

由点创建的线：可使用"绘制"面板下的"点图元"工具绘制两个或多个所需点。选择这些点，单击"绘制"面板下的"通过点的样条曲线"工具，将基于所选点创建一个样条曲线，点图元将成为线的驱动点，通过拖拽这些点图元可修改样条曲线路径，如图 3-200 所示。

图 3-200　由点创建的线

载入族的线或边：选择模型线或参照，然后点击"创建形状"。参照可以包括族中几何图形的参照线、边缘、表面或曲线。

2. 创建不同形式的内建体量

单击"内建模型体量"选项卡→"形状"面板→"创建形状"→"形状"工具，可创建精确的实心形状或空心形状。可以通过拖拽它的点图元来创建所需的造型，可直接操纵形状，不再需要为更改形状造型而进入草图模式。

（1）选择一条线"创建形状"→"实心形状"：线将垂直向上生成面，如图 3-201 和图 3-202 所示。

图 3-201　选择线

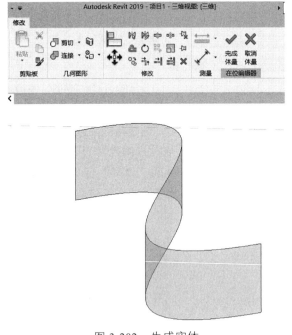

图 3-202　生成实体

（2）选择两条线"创建形状"：选择两条线创建形状时预览图形下方可选择创建方式，可以选择以直线为轴旋转弧线，也可以选择两条线端点相连形成的面，如图 3-203 和图 3-204 所示。

图 3-203　选择两条线

图 3-204　生成实体

（3）选择一闭合轮廓"创建形状"：创建拉伸实体，按 Tab 键可切换选择体量的点、线、面、体，选择后可通过拖拽修改体量，如图 3-205~图 3-207 所示。

图 3-205　选择闭合轮廓　　　图 3-206　生成实体　　　图 3-207　修改实体

（4）选择两个及以上闭合轮廓"创建形状"：如图 3-208 和图 3-209 所示，选择不同高度的两个轮廓或不同位置的垂直轮廓，Revit 将自动创建融合体量；选择同一高度的两个闭合轮廓无法生成体量。

图 3-208　选择轮廓　　　　　　　　图 3-209　生成实体

（5）选择一条线及一条闭合轮廓"创建形状"：当线与闭合轮廓位于同一工作平面时，将以直线为轴旋转闭合轮廓创建形体。当选择线以及线的垂直工作平面上的闭合轮廓创建形状时将创建放祥的形体，如图 3-210 和图 3-211 所示。

图 3-210　选择一条线和一条闭合轮廓

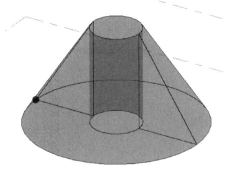

图 3-211　生成实体

（6）选择一条线及多条闭合曲线"创建形状"：为线上的点设置一个垂直于线的工作平面，在工作平面上绘制闭合轮廓，选择多个闭合轮廓和线可以生成放样融合的体量，如图 3-212 和图 3-213 所示。

图 3-212　选择一条线及多条闭合曲线

图 3-213　生成实体

3. 新建概念体量族

使用概念设计环境来创建概念体量或填充图案构件，可以重复用于其他的项目。

体量族与内建体量创建形体的方法基本相同，但由于内建族只能随项目保存，因此在使用上相对体量族有一定的局限性。而体量族不仅可以单独保存为族文件随时载入项目，而且在体量族

创建概念体量模型

空间中还提供了例如三维标高等工具并预设了两个垂直的三维参照面，优化了体量的创建及编辑环境。

单击"应用程序菜单"→"新建"→"概念体量"，如图 3-214 所示，在弹出的"新建概念体量-选择样板文件"对话框中双击"公制体量.rft"的族样板，进入体量族的绘制空间，如图 3-215 所示。

图 3-214　新建概念体量　　　　　　　　　　　图 3-215　绘制空间

体量族与内建体量创建形体的方法基本相同，包含拉伸、旋转、融合和放样的建筑概念。这里就不重复举例说明。

Revit 的概念体量族空间的三维视图提供了三维标高面，可以在三维视图中直接绘制标高，更有利于体量创建中工作平面的设置。

1）三维标高的绘制

单击"常用"选项卡→"基准"面板→"标高"工具，标高移动到绘图区域现有标高面上方，光标下方出现间距显示，键盘可直接输入间距"20 m"，如图 3-216 所示，按下 Enter 键即可完成三维标高的创建，如图 3-217 所示。

图 3-216　输入间距

图 3-217　完成标高的创建

标高绘制完成后还可以通过临时尺寸标注修改三维标高，单击可直接修改以下两个标高值，如图 3-218 所示。

图 3-218　修改标高

2）三维工作平面的定义

在三维空间中要想准确绘制图形，必须先定义工作平面，Revit2019 的体量族中有两种定义工作平面的方法。

（1）单击"常用"选项卡→"工作平面"面板→"设置"工具，光标选择标高平面或构件表面等，此时可将该面设置为当前工作平面。单击激活"显示"工具可始终显示当前工作平面。

（2）通过单击样条线上的点图元，启用点图元的工作平面。

如需以该样条曲线作为路径创建放样实体，则需要在样条曲线关键点绘制轮廓，可单击"创建"选项卡→"工作平面"面板→"设置"工具，单击点图元，即可将当前工作平面设置为该点上的通直面。此时可使用"绘制"面板→"线"工具，选择线工具，如矩形，在该点的工作平面上绘制轮廓，如图 3-219 和图 3-220 所示。

图 3-219　样条曲线

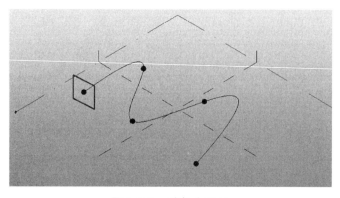

图 3-220　选择点图元

选择样条曲线，并按 Ctrl 键多选该样条曲线上的轮廓，单击"创建"选项卡→"形状"面板→"创建形状"→"创建实心形状"，直接创建实心形状，如图 3-221 和图 3-222 所示。

图 3-221   选择样条曲线

图 3-222   生成实体

3.9.2 体量编辑

体量编辑

1. 形状图元编辑

形状图元编辑的操作工具如图 3-223 所示。

图 3-223   "形状图元"工具

（1）按 Tab 键切换选择点、线、面，选择后将出现坐标系，当光标放在 X、Y、Z 轴任意坐标方向上时，该方向箭头将变为亮显，此时按住并拖拽，将在被选择的坐标方向移动点、线或面，如图 3-224~图 3-226 所示。

图 3-224　选择　　　　　　　　　　　　图 3-225　出现坐标系

图 3-226　移动

（2）选择体量，单击"修改|形式"选项卡→"形状图元"面板→"透视"工具，观察体量模型。如图 3-227 和图 3-228 所示，透视模式将显示所选形状的基本几何骨架。这种模式下便于更清楚地选择体量几何构架对它进行编辑。再次单击"透视"工具，将关闭透视模式。

图 3-227　选择体量

图 3-228　显示基本几何骨架

（3）选择体量，在创建体量时自动产生的边缘有时不能满足编辑需要，Revit 还提供了添加边的工具，单击"修改|形式"选项卡→"形状图元"面板→"添加边"工具，将光标移动到体量面上，如图 3-229 所示，将出现新边的预览，在适当位置单击即完成新边的添加，同时也添加了与其他边相交的点，可选择该边或点通过拖拽的方式编辑体量，如图 3-230 所示。

图 3-229　选择体量

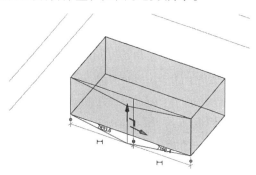

图 3-230　编辑体量

（4）圆形轮廓：生成的空心形体剪切大圆形实心形体生成的体量。选择体量，单击"修改|形式"选项卡→"形状图元"面板→"添加轮廓"工具，光标移动到体量上，将出现与初始轮廓平行的新轮廓的预览，在适当位置单击将完成新的闭合轮廓的添加。新的轮廓同时将生产新的点及边缘线，可以通过操纵它们来修改体量，如图 3-231 和图 3-232 所示。

图 3-231　选择体量

图 3-232　修改体量

（5）选择体量中的某一轮廓，单击"修改|形式"选项卡→"形状图元"面板→"锁定轮廓"工具，体量将简化为所选轮廓的拉伸，手动添加的轮廓将失效，并且操纵方式受到限制，而且锁定轮廓后无法再添加新轮廓，如图 3-233 和图 3-234 所示。

图 3-233　锁定轮廓　　　　　　　　　　　图 3-234　完成锁定轮廓

（6）选择被锁定的轮廓或体量，单击"修改|形式"选项卡→"形状图元"面板→"解锁轮廓"工具，将取消对操纵柄的操作限制，添加的轮廓也将重新显示并可编辑，但不会恢复锁定轮廓前的形状。

（7）选择体量，单击"修改 1 形式"选项卡→"形状图元"面板→"变更形状的主体"工具，可以修改体量的工作平面，将体量移动到其他体量或构件的面上，如图 3-235 和图 3-236 所示。

图 3-235　选择体量　　　　　　　　　　　图 3-236　修改体量

2. 体量分割表面编辑

（1）选择体量上任意面，单击"修改|形式"选项卡→"分割"面板→"分割表面"工具，如图 3-237 所示，表面将通过 UV 网格（表面的自然网格分割）进行分隔，如图 3-238 所示。

注意：UV 网格是用于非平面表面的坐标绘图网格。三维空间中的绘图位置基于 X、Y、Z 坐标系，而二维空间则基于 X、Y 坐标系。由于表面不一定是平面，在绘制位置时常采用 UVW 坐标系。在图纸上表示为一个网格，针对非平面表面或形状的等高线进行调整。UV 网格用在概念设计环境中，相当于 X、Y 网格，即两个方向默认垂直交叉的网格。

| 图 3-237　选择分割面 | 图 3-238　分割网络 |

（2）UV 网格彼此独立，并且可以根据需要开启和关闭。默认情况下，最初分割表面后，U 网格和 V 网格都处于启用状态。单击"UV 网格和交点"选项卡→"U 网格"工具，将关闭横向 U 网格，再次单击将开启 U 网格，关闭、开启 V 网格操作相同，如图 3-239 所示。

图 3-239　开启和关闭网络

（3）UV 网格的布局也可以设置成"固定距离""网格旋转"等，如图 3-240 所示。

图 3-240　网格布局

119

3. 分割表面填充

（1）选择分割后的表面，可在"属性"面板下拉列表中选择填充图案，默认为"无填充图案"，如图 3-241 所示。可以为已分割的表面填充图案，矩形棋盘效果如图 3-242 所示。

图 3-241　无填充图案　　　　　　　图 3-242　矩形棋盘

（2）单击"插入"选项卡→"从库中载入"面板→"载入族"工具，在默认的族库文件夹"建筑"中双击打开"按填充图案划分的幕墙嵌板"文件夹，载入可作为幕墙嵌板的构件族，如选择"1-2 错缝表面.rfa"，单击"打开"按钮，完成族的载入。选择被分割的表面，单击"内建模型体量"选项卡→"图元"面板→"修改图元类型"按钮，选择刚刚载入的"1-2 错缝表面（玻璃）"。效果如图 3-243 所示。

图 3-243　效果

3.9.3　体量研究

体量研究

Revit 的体量工具可以帮助我们实现初步的体块穿插研究，体块的方案确定后，"面模型"工具可以将体量的面转换为建筑构件，如墙、楼板、屋顶，以便继续深入研究方案，体量创建后可以自动计算出体量的总体积、总面积和总楼层面积。

可以从体量实例、常规模型、导入的实体和多边形网格的面创建建筑图元，包括墙、楼板、幕墙及屋顶。

注意：可以在项目中载入多个体量，如体量直接有交叉可使用"修改"选项卡→"编辑几何图形"面板→"连接"→"连接几何图形"，依次单击交叉的体量，即可清理掉体量的重叠部分，如图 3-244 和图 3-245 所示。

图 3-244 选择体量

图 3-245 连接几何图形

1. 基于体量面创建墙

使用"面墙"工具，通过拾取线或面从体量实例创建墙。此工具将墙放置在体量实例或常规模型的非水平面上。使用"面墙"工具创建的墙不会自动更新。要更新墙，应使用"更新到面"工具。从体量面创建墙的步骤如下：

（1）打开显示体量的视图。单击"体量和场地"选项卡下"面模型"面板中的"面墙"工具。

（2）在类型选择器中选择一个墙类型。

（3）移动光标以高亮显示某个面，单击以选择该面，创建墙体，如图 3-246 所示。

图 3-246 创建墙体

2. 基于体量面创建楼板幕墙系统

使用"面幕墙系统"工具在任何体量面或常规模型面上创建幕墙系统。幕墙系统没有可编辑的草图。如果需要关于垂直体量面的可编辑的草图，应使用幕墙。

注：无法编辑幕墙系统的轮廓。如果要编辑轮廓，应放置一面幕墙。从体量面创建幕墙系统，步骤如下：

（1）打开显示体量的视图。单击"体量和场地"选项卡下"面模型"面板中的"面墙"工具。

（2）在类型选择器中，选择一种幕墙系统类型。使用带有幕墙网格布局的幕墙系统类型。

（3）从一个体量面创建幕墙系统，应单击"修改 1 放置面幕墙系统"选项卡的"多重选择"面板（选择多个）以禁用它（默认情况下，处于启用状态）。

（4）移动光标以高亮显示某个面，单击以选择该面。如果已清除"选择多个"选项，则会立即将幕墙系统放置到面上。

（5）如果已启用"选择多个"，应按如下操作选择更多体量面：

① 单击未选择的面以将其添加到选择中。单击所选的面以将其删除。光标将指示是正在添加（+）面还是正在删除（-）面。提示：将拾取框拖拽到整个形状上，将整体生成幕墙系统。

② 要清除选择并重新开始选择，应单击"修改|放置面幕墙系统"选项卡→"多重选择"面

板→"清除选择"工具。

③在所需的面处于选中状态下，单击"修改|放置面幕墙系统"选项卡→"多重选择"面板→"创建系统"工具。

④完成后的效果如图 3-247 所示。

图 3-247　完成后的效果

3．基于体量面创建楼板

从体量实例创建楼板，应使用"面楼板"工具或"楼板"工具先创建体量楼层。体量楼层在体量实例中计算楼层面积。

从体量楼层创建楼板的步骤如下：

（1）打开显示概念体量模型的视图，选择体量，在"模型"面板中单击"体量楼层"，如图 3-248 和图 3-249 所示。

图 3-248　选择体量

图 3-249　体量楼层

（2）单击"体量和场地"选项卡下"面模型"面板中的"面楼板"工具。

（3）在类型选择器中，选择一种楼板类型。选中需要的体量楼层后，单击"修改|放置面楼板"选项卡→"多重选择"面板→"创建楼板"工具，完成效果如图 3-250 所示。

图 3-250　完成效果

4. 基于体量面创建屋顶

（1）打开显示体量的视图。单击"体量和场地"选项卡下"面模型"面板中的"面屋顶"工具。

（2）在类型选择器中，选择一种屋顶类型。如果需要，可以在选项栏上指定屋顶的标高。

（3）移动光标以高亮显示某个面，单击以选择该面。选中所需的面以后，单击"修改 1 放置面屋顶"选项卡下"多重选择"面板中的"创建屋顶"工具。

提示：通过在"属性"选项板中修改屋顶的"已拾取的面的位置"属性，可以修改屋顶的拾取面位置——顶部或底部，如图 3-251 所示。

注意，单击关闭"体量和场地"选项卡→"概念体量"面板→"显示体量"工具，如图 3-252 所示。

图 3-251　屋顶的拾取面

图 3-252　显示体量

如果需要编辑体量，随时可通过"显示体量"开启体量的显示，但"显示体量"工具是临时工具，当关闭项目下次打开时，"显示体量"将为关闭状态，如需在下次打开项目时体量仍可见，则可以单击"视图属性"→"可见性/图形替换"对话框→勾选"体量"，如图 3-253 所示。

图 3-253　体量的可见性

本章小结

本章主要介绍了 Revit 立面各个基本构件命令的应用和编辑，这些都是属于建模的基本操作。我们不仅要熟练掌握这些命令的运用，还要清楚这些基本构件的绘制方法。

第 4 章

BIM 给排水及消防专业模型

本章重难点：掌握建筑给排水和消防专业图纸识读，熟练完成给排水、消防专业模型建立。

给排水系统和消防系统是任何建筑都必不可少的重要组成部分。一般建筑物的给排水系统包括给水系统、热给排系统和排水系统，消防系统包括消火栓系统和自动灭火系统。系统中最重要的组成部分就是管线。

4.1　前期准备

4.1.1　给排水系统图纸识读要点

1. 给排水系统图纸组成

给排水工程图一般由设计说明、给排水平面图、给排水系统图和给排水施工详图组成。

设计说明是用文字形式表达工程必须交代的技术内容。特别是说明中交代的管道所用的材质类型、管道的连接方式、阀门的选用要求、卫生器具的安装标准等，与我们是否能够准确进行工程计价有着密切的关系。

给排水平面图包括底层平面图、标准层平面图、顶层平面图。室内给排水平面图反映给水管道和设备在平面上的布置情况。

给排水系统图表达整个给排水系统管道和设备的三维空间关系，并且系统图中反映出各个管道系统的编号、管道管径、标高、管道坡度及管道、设备与建筑的关系等。

给排水施工详图是将平面图或系统图中一部分放大得到的图样，如卫生间平面详图，可以进一步帮助我们清晰理解管道的平面布置位置，卫生间局部系统图，可以非常清楚地了解每一个给水点的安装标高，从而提高了工程计量的准确性。

2. 给排水系统识读顺序

室内给水系统的一般识读顺序：室外管—进户管—水表井—水平干管—立管—水平支管—用水设备。

室内排水系统的一般识读顺序：卫生设备—水平支管—立管—水平干管—出户管—室外检查井（窨井）—化粪池。

3. 给排水系统常见识图标注及图例

给排水系统常见标注方法如图 4-1~图 4-3 所示。常用给排水工程图例见表 4-1。

（a）平面图、系统图中管道标高标注法

（b）剖面图中管道及水位标高标注法

图 4-1 给排水系统标高标注方法

（a）单管管径表示法　　　　　（b）多管管径表示法

图 4-2 管径标注方法

（a）给水排水进出口编号表示法　　　（b）立管编号表示法

图 4-3 管道编号标注方法

表 4-1 常用给排水工程图例

序号	名称	图例	说明
1	管道	—J—	给水管道
		—P—	排水管道
		—X—	消防管道
		—供水　- - -回水	采暖管道
		JL 平面　JL 系统	J 为给水管，L 为立管

序号	名称	图例	说明
2	截止阀		
3	止回阀		也称为单向阀
4	闸阀		
5	蝶阀		
6	延时自闭冲洗阀		
7	角阀		
8	地漏	平面　系统	
9	清扫口	平面　系统	装于横管末端
10	存水弯		P 形和 S 形
11	立式检查口		装于立管上
12	水表		
13	消火栓	平面　系统	
14	水泵接合器		
15	消防喷头	平面　系统	
16	消防报警阀		
17	自动排气阀		
18	散热器	平面　系统	
19	方形伸缩器		
20	压力表		
21	温度计		
22	Y 形过滤器		
23	固定支架		

4. 结合项目的图纸介绍

本工程为二类高层地上全自动机械车库、地下车库、附属经营设施，名称为某停车楼项目，包括生活给水系统、污水系统、废水系统、雨水系统、消火栓系统、自动喷水灭火系统、小型灭火器具配置及局部自动气体灭火系统。供水水源为城市自来水从南侧的市政给水管网上引入一根 DN150 进水管，总水表后设低阻力倒流防止器保证市政自来水管网不被污染。

给水干管、立管及支管冷水管道均采用钢塑复合压力管（塑料层材质为 PP-R，即三型聚丙烯树脂），管件为铜塑或钢塑复合管件（要求内衬整体铜环或不锈钢环），电磁感应加热双热熔连接，要求管道压力等级达到 1.6 MPa。室内生活污、废水立管，雨水立管均采用 UPVC（硬聚氯乙烯）静音排水管连接方式采用胶粘连接；压力排水管道均采用涂塑钢管，法兰连接，公称压力为 1.0 MPa。

生活给水管道上阀 DN≤50 采用 J11W-16T 铜截止阀，DN>50 采用 D71X-10 闸阀。

管道防腐：钢塑复合压力管外壁刷银粉漆两道；内外壁热镀锌钢管外壁制银粉漆两道，支吊架除锈后，樟丹打底再均刷银粉漆一道。管道施工完成后应涂不同颜色加以区分，各种管道颜色由施工单位确定，须做好记录，以便日后维护管理。

保温及防结露：

（1）保温：屋面给水、消火栓、自喷管道及水箱和增压设备全部外表面均做 30 mm 厚橡塑海绵保温，外创 3 mm 镀锌铁皮。

（2）防结露：地下室和各层吊顶内的给排水水平管外壁均用 10 mm 厚橡塑海绵管壳做防结露保温。

管道保温及防结露的具体做法见图集 16S401《管道和设备保温、防结露及电伴热》，以及材料生产供应厂家的产品说明资料，并由厂家负责提供施工技术。

生活给水系统分为 2 个区。

（1）低区：-1~2 层，由市政管网直接供水，供水压力为 0.28 MPa。

（2）高区：3~13 层，垂直绿化由室外雨水收集池变频给水设备加压供水，供水压加 0.55 MPa，设备参数见雨水收集池主要材料表。

地下一层生活水泵房变频给水设备供水范围仅为屋顶消防水箱，设备参数见主要材料表。

低区负一层入水口为 2ZJ，为车库冲洗给水管道系统，主横管贴梁底敷设，接室外雨水中水管网。低区生活给水系统 1J/2，供给 1F、2F。高区采用水箱、变频给水设备。排水系统采用分流制，分为污水排水系统、废水排水系统和雨水排水系统。系统图可以识读标高信息、管道走向和管道编号。具体管道连接见平面图。

4.1.2　消防系统图纸识读要点

1. 消防系统图纸组成

消防工程图一般由设计说明、消防工程平面图、消防系统图和喷淋系统组成。识读消防工程施工图的方法，可归纳为以下几点。

（1）阅读设计说明，了解该工程设计者意图，以及通风管及设备的选型情况和有关施工要求。

（2）阅读消防工程平面图，如消防控制室位置平面图、各层报警系统设置平面图，消防给水总平面图、消防水池和消防水泵房平面图。

（3）阅读消防工程系统图，如火灾自动报警系统图、水喷淋平面系统图、消火栓平面系统图，防排烟平面系统图，了解管道、部件及喷头等的布置情况。

2. 消防系统图纸识读顺序

首先读设计说明，读图按照水流方向平面图参照系统图一起进行识读，方法可参照给排水系统。

3. 消防系统常见识图标注

常用消防系统工程图例见表4-2。

表4-2　常用消防系统工程图例

序号	名称	图例	序号	名称	图例
1	消火栓给水管	——XH——	16	雨淋灭火给水管	——YL——
2	自动喷水灭火给水管	——ZP——	17	水幕灭火给水管	——SM——
3	室外消火栓		18	消防水泵结合器	
4	室内消火栓（单口）	平面　系统	19	室内消火栓（双口）	平面　系统
5	自动喷洒头（开式）	平面　系统	20	干式报警阀	平面　系统
6	自动喷洒头（闭式下喷）	平面　系统	21	湿式报警阀	平面　系统
7	自动喷洒头（闭式上喷）	平面　系统	22	预作用报警阀	平面　系统
8	水流指示器	Ⓛ	23	雨淋阀	平面　系统
9	水力警铃		24	末端试水阀	平面　系统
10	管道泵		25	减压孔板	
11	管道固定支架	—✳——✳—	26	管道滑动支架	
12	刚性防水套管		27	柔性防水套管	
13	闸阀		28	电动阀	
14	三通阀		29	信号阀	
15	止回阀		30	压力调节阀	

4. 结合项目图纸介绍

本工程为二类高层公共建筑，建筑高度 36.3 m，建筑总体积约 42 800 m³，按建筑高度小于 50 m 的二类公共建筑设防，室内消火栓设计流量 20 L/s，室外消火栓设计流量 30 L/s，火灾延续时间 2h，室内、外需要消火栓水量为 360 m³。消防系统由消防水池、消防水泵、消防水泵接合器、消防管网、减压阀组、消火栓及高位水箱组成。本建筑高位水箱设置在屋顶最高处，有效容积 18 m³。消防水池、消火栓系统加压设备设在地下室消防水泵房内，消火栓系统不分区，消火栓管道成环状管网，消火栓系统工作压加 0.80 MPa，消火栓充实水柱为 13m。室内消火栓 10 层及以下采用减压稳压消火栓，10 层以上为普通消火栓。

设计范围：各层除不宜用水扑灭的部位外均设闭式自动喷水灭火系统。

系统组成及设计参数：该系统由消防水池、自动喷水加压泵、水泵接合器、湿式报警阀、信号阀、水流指示器、管网、喷头、末端试水装置、高位水箱、减压阀组等组成。自动喷水设计流量 40 L/s，设计喷水强度 8 L/min·m²，作用面积 160 m²，消防历时 1 h。消防储备水量为 44 m³。

消火栓给水管道采用热浸锌镀锌钢管（公称压加 1.6MPa），当管径小于或者等于 DN50 时，应采用螺纹和卡压连接，当管径大于 DN50 时，应采用沟槽连接件连接法兰连接，当安装空间较小时应采用沟槽连接件连接。自动喷水灭火系统给水管道：采用内外壁热镀锌钢管，当管径小于或者等于 DN50 时，应采用螺纹和卡压连接，当管径大于 DN50 时应采用沟槽连接件连接法兰连接，当安装空间较小时应采用沟槽连接件连接。自喷喷头采用直立型普通玻璃球喷头，流量系数应为 $K=80$，温度级为 68℃，地下室为上喷，有吊顶处为吊顶型喷头。

消火栓立管上的阀门均采用 D73H-16C 型对夹式橡胶密封蝶阀，横管采用 Z41T-10 闸阀，阀门工作压力 1.6MPa。自喷管道水流指示器前采用 XKF41D 型消防信号控制阀，阀门工作压力 1.6MPa。消防系统管道不做防结露。

首先理清消火栓管道系统、自喷系统、末端试验装置示等关系脉络。然后结合平面图读取消火栓箱与喷头等设备具体位置信息。负一层有消防泵、自喷泵、室外消火栓泵、压力开关等信息。消火栓主要在各平面图的楼梯间、电梯前室中。屋顶层需要关注屋面试验用消火栓和水箱。自喷系统存在标准层 5～11 层。试验消火栓采用 SG24A65-J 型（800 × 650 × 240）消火栓箱，内配 DN65 消火栓阀 1 个，麻质衬胶水龙带 25 m 长 1 条，φ19 直流水枪 1 支，带压力表 1 只。消火栓均采用 SG18D65Z-J 型消防柜，尺寸为，1600 × 700 × 180，柜内均配有 DN65 旋转型阀 1 个，DN65 麻质衬胶水龙带 25 m 长 1 条，φ19 直流水枪 1 支，消防软管卷盘，1 套，手提式磷酸铵盐干粉灭火器 2 具（每具 4kg）。消火栓箱体均采用钢板铝合金边框茶色玻璃门，并配有消防启泵按钮且消火栓箱门上要求有明显的"消火栓"字样。以上消火栓箱体上进水管开孔位置要与实际相符，不得开错，消火栓箱的内配器材的放置方法见厂家产品说明书。采用带消防卷盘的消火栓，所有消火栓柜必须刷防火涂料，耐火极限不低于 2.0h。

4.2　绘制给水管道系统

给排水系统是任何建筑都必不可少的重要组成部分。一般建筑物的给排水系统包括给水系统、热给排系统和排水系统。这个系统中最重要的组成部分就是管线。

4.2.1 项目准备

管道标记

1. 新建项目样板

创建项目样板的一般步骤如下：

（1）打开 Revit 软件，创建新项目，如图 4-4 所示。

图 4-4　新建项目

（2）链接模型。单击功能区中的"插入"选项卡→"链接 Revit"，打开"导入/链接 RVT"对话框，如图 4-5 所示。

图 4-5　新建项目

（3）创建标高。链接建筑模型后，切换到某个立面视图，使用"复制"工具复制并监视建筑模型的标高，如图 4-6 所示。

图 4-6　创建标高

（4）创建平面视图。创建与建筑模型标高相对应的平面视图：单击功能区中的"视图"选项卡"平面视图""楼层平面"，打开"新建平面"对话框，选择所需要的标高，单击"确定"按钮，平面视图即创建完成。

（5）创建轴网。单击项目浏览器中的"卫浴"→"楼层平面"→"1F"，进入 1F 楼层平面视图，如图 4-7 所示。

（6）项目样板。点击 选择保存，在"另存为"对话框里的"文件类型"下拉列表里选择保存成"样板"，如图 4-8 所示。在保存对话框中点击"选项"命令，调整最大备份数，点击"保存"，完成项目样板的创建。

将项目样板命名为"某停车楼-给排水系统样板"。

图 4-7　创建轴网

图 4-8　项目样板命名

2. 新建项目文件

点击 ![按钮] 按钮，选择"新建"→"项目"，如图4-9所示。在"新建项目"对话框中，样板文件选择本项目建立的"某停车楼-给排水系统样板"，选择"新建"→"项目"，点击"确定"，建立新项目。

图4-9　新建项目文件

进入项目后，点击"保存"，将项目文件命名为"某停车楼-给排水专业模型"。

3. 导入CAD

单击"插入"选项卡→"导入CAD"，如图4-10所示，选择图纸文件"某停车楼-给排水施工图.dwg"。

导入CAD后依次进行"解锁""对齐"命令。

图4-10　导入CAD

4. 对导入的CAD进行简化

在"楼层平面"中，选中导入的CAD图纸，单击"导入实例"→"查询"，选中CAD图纸中不作为参考的线型，单击"在视图中隐藏"，完成对CAD图纸的简化。

4.2.2 创建水系统模型

布置洁具

布置主干水管

共性洁具成组复制

（1）打开给排水一、二层视图。选择"项目浏览器"面板中的"给排水"→"给排水"→"楼层平面"→"一层给排水出图"或"二层给排水出图"选项，如图4-11所示。

图4-11　打开视图

（2）载入洗脸盆族。选择"插入"→"载入族"命令，弹出"载入族"对话框，选择"机电"→"卫生器具"→"洗脸盆"目录下的"洗脸盆-椭圆形"RFA族文件，单击"打开"按钮，将族载入项目中，如图4-12所示。

图4-12　载入洗脸盆族

（3）修改"洗脸盆-椭圆形 535mm × 485mm"类型属性。选择菜单栏中的"系统"→"卫浴装置"命令，在"属性"面板中选择"洗脸盆-椭圆形 535mm × 485"类型，在"立面"栏中输入"800"个单位，单击"编辑类型"按钮，弹出"类型属性"对话框。在其中的"污水直径"栏中输入 50.0mm，在"冷水直径"栏中输入 20.0mm，单击"确定"按钮完成操作，如图 4-13 所示。

图 4-13　修改洗脸盆属性

（4）放置洗脸盆族。选择菜单栏中的"系统"→"卫浴装置"命令，在"修改|放置卫浴装置"栏下选择"放置在垂直面上"选项，配合运用"对齐"命令，依次放置 4 个洗脸盆族，如图 4-14 所示。

图 4-14　放置洗脸盆

（5）修改洗脸盆族。双击已放置的洗脸盆族进入族编辑界面，选择右侧的水连接件。在"属性"面板中的"系统分类"栏中选择"家用冷水"选项，单击"半径"栏中的按钮，在弹出的"关联族参数"对话框中选择"冷水半径"选项，单击"确定"按钮完成操作。如若洗脸盆有冷热水区分，再选择左侧的水连接件，在"属性"面板的"系统分类"栏中选择"家用热水"选项，单击"半径"栏中的按钮，在弹出的"关联族参数"对话框中选择"热水半径"选项，单击"确定"按钮完成操作，如图 4-15 所示。

图 4-15　修改洗脸盆族

（6）载入坐式大便器族。选择"插入"→"载入族"命令，弹出"载入族"对话框，选择"机电"→"卫生器具"→"大便器"目录下的 RFA 族文件，单击"打开"按钮，将族载入项目中，如图 4-16 所示。

图 4-16　载入坐式大便器族

（7）修改"坐便器-冲洗水箱"类型属性。选择菜单栏中的"系统"→"卫浴装置"命令，在"属性"面板中选择"坐便器-冲洗水箱"类型，单击"编辑类型"按钮，在弹出的"类型属性"对话框中的"污水直径"栏中输入 100.0mm，在"冷水直径"栏中输入 50.0mm，单击"确定"按钮完成操作，如图 4-17 所示。

图 4-17　修改坐式大便器属性

（8）放置坐便器族。选择菜单栏中的"系统"→"卫浴装置"命令，在"属性"面板中择"坐便器-冲洗水箱"类型，配合运用"对齐"命令依次放置一个坐便器族，如图 4-18 所示。

图 4-18　放置坐式大便器

（9）载入小便器族。选择"插入"→"载入族"命令，弹出"载入族"对话框，选择"机电"→"卫生器具"→"小便器"目录下的"带挡板的小便器-壁挂式"RFA 族文件，单击"打开"按钮，将族载入项目中，如图 4-19 所示。

图 4-19　载入小便器族

（10）修改"带挡板的小便器-壁挂式"类型属性。选择菜单栏中的"系统"→"卫浴装置"命令，在"属性"面板中选择"带挡板的小便器-壁挂式"类型。在"立面"栏中输入"600"个单位，单击"编辑类型"按钮，在弹出的"类型属性"对话框的"污水直径"栏中输入 50.0mm，在"冷水直径"栏中输入 40.0mm，单击"确定"按钮完成操作，如图 4-20 所示。

图 4-20　修改小便器属性

（11）放置小便器族。选择菜单栏中的"系统"→"卫浴装置"命令，在"修改|放置卫浴装置"栏下选择"放置在垂直面上"选项，在"属性"面板中选择"带挡板的小便器-壁挂式"类型，配合运用"对齐"命令依次放置 4 个小便器族，如图 4-21 所示。

图 4-21　放置小便器

（12）载入污水池族。选择"插入"→"载入族"命令，弹出"载入族"对话框，选择"机电"→"卫生器具"→"洗涤盆"目录下的"污水池-公共用"RFA 族文件，单击"打开"按钮，将族载入项目中，如图 4-22 所示。

图 4-22　载入污水池族

（13）修改"污水池-公共用"类型属性。选择菜单栏中的"系统"→"卫浴装置"命令，在"属性"面板中选择"污水池-公共用"类型，单击"编辑类型"按钮，弹出"类型属性"对话框，在"污水直径"栏中输入 50.0mm，单击"确定"按钮完成操作，如图 4-23 所示。

图 4-23　修改污水池属性

（14）放置污水池族。选择菜单栏中的"系统"→"卫浴装置"命令，在"属性"面板中选择"污水池-公共用"类型，在"修改|放置卫浴装置"栏中勾选"放置后旋转"单选框，配合运用"对齐"命令放置2个污水池族，如图4-24所示。

图4-24　放置污水池

（15）载入蹲便器族。选择"插入"→"载入族"命令，弹出"载入族"对话框，选择"机电"→"卫生器具"→"蹲便器"目录下的"蹲便器-自闭式冲洗阀"RFA族文件，单击"打开"按钮，将族载入项目中，如图4-25所示。

图4-25　载入蹲便器族

（16）修改"蹲便器-自闭式冲洗阀"类型属性。选择菜单栏中的"系统"→"卫浴装置"命令，在"属性"面板中选择"蹲便器-自闭式冲洗阀"类型，单击"编辑类型"按钮，弹出"类型属性"对话框，在"污水直径"栏中输入100.0mm，在"冷水直径"栏中输入40.0mm，单击"确定"按钮完成操作，如图4-26所示。

（17）放置蹲便器族。选择菜单栏中的"系统"→"卫浴装置"命令，在"修改|放置卫浴装置"栏下选择"放置在垂直面上"选项，在"属性"面板中选择"蹲便器-自闭式冲洗阀"类型，配合运用"对齐"命令依次放置10个小便器族，如图4-27所示。

图 4-26　修改蹲便器属性

图 4-27　放置蹲便器属性

（18）新建"给水管"类型。选择"系统"→"管道"命令，在"属性"面板中选择"采暖供水管"类型，单击"编辑类型"按钮，弹出"类型属性"对话框，单击"复制"按钮，在弹出的"名称"对话框中输入"给水管"，单击"确定"按钮进入下一步操作，如图 4-28 所示。

图 4-28　新建给水管类型

（19）单击"系统"选项卡→"卫浴和管道"→"管道"，或键入快捷键 PI，在弹出的"修改|放置管道"选项卡中设置该管道的管径以及偏移量，如图 4-29 所示。在绘制时，Revit 会自

动识别导入的 CAD 底图，根据 CAD 底图上管线的起点和终点绘制出对应的管道。或在绘制出对应长度的管道的之后使用"对齐"命令（快捷键 AL）将管道中心线与底图相应位置对齐。

图 4-29　布置管道

（20）绘制管道三通、四通、弯头。载入弯头、三通和四通管件，绘制一根管道，改变方向绘制另一根管道，改变方向处会自动生成弯头。绘制一根管道，再绘制与其相交的另一管道，将第二根管道的终点移动到第一根管道的中心线处，单击确定，两条管道就会由自动生成的三通连接起来，如图 4-30 所示。

（a）

（b）

图 4-30　绘制管道三通

（21）绘制水管立管。管道高度不一致时，需要用立管将两段标高不同的管道连接起来。单击"管道"工具（快捷键 PI），在平面视图中输入管道的管径、标高值，绘制一段管道，输入变高程后的标高值继续绘制另一段管道，在高程改变的地方会自动生成一段管道的立管，如图 4-31 所示。

图 4-31 绘制立管

（22）绘制坡度管道。"修改丨放置管道"选项卡→"带坡度管道"中可设定管道的坡度方向以及坡度值，依据设定值可绘制带相应坡度的管道，如图 4-32 所示。

图 4-32 绘制管道坡度

4.3 绘制排水管道系统

与给水管不同，排水管是重力流且管材为 PVC。本例是公共卫生间，排水管的管径尺寸具体见图纸。

共性洁具污水管绘制	个性洁具连水管	共性洁具的热给水管
共性洁具冷给水管绘制	共性洁具连干管	污水池加水嘴

4.3.1 污水管

本例中有 4 个污水管系统，分别是 W-1~W-4，本节以 W-1 为例介绍绘制污水管道的方法。另外几个污水管系统的绘制方法相同，此处不再赘述。

（1）设置过滤器。按 VV 快捷键发出"可见性"命令，在弹出的"楼层平面：一楼给排水出图的可见性/图形替换"对话框中选择"过滤器"选项卡，勾选"污水管"可见性的复选框，最后单击"确定"按钮完成操作，如图 4-33 所示。

图 4-33　设置过滤器

（2）载入管件族。选择"插入"→"载入族"命令，选择"机电"→"水管管件"|"GBT5836 PVC-U"→"承插"目录，配合 Ctrl 键将"管接头-PVC-U-排水""管帽-PVC-U-排水""顺水三通-PVC-U-排水""顺水四通-PVCU-排水""同心变径管-PVC-U-排水"和"弯头-PVC-U-排水"等族都选上，单击"打开"按钮将这些族载入项目中，如图 4-34 所示。

图 4-34　载入管件族

（3）新建"污水管"管道。选择"系统"→"管道"命令，在"属性"面板中选择"标准"类型，单击"编辑类型"按钮，弹出"类型属性"对话框，单击"复制"按钮，在弹出的"名称"对话框中输入"污水管"，单击"确定"按钮进入下一步操作，如图 4-35 所示。

图 4-35　新建污水管道

（4）布管系统配置。继续上一步操作，在弹出的"布管系统配置"对话框中，在"管段"栏中选择"PVC-U-GB/T 5836"选项，在"弯头"栏中选择"弯头-PVC-U-排水：标准"选项，在"连接"栏中选择"顺水三通-PVC-U-排水：标准"选项，在"四通"栏中选择"顺水四通-PVC-U-排水：标准"选项，在"过渡件"栏中选择"同心变径管-PVC-U-排水：标准"选项，在"活接头"栏中选择"管接头-PVC-U-排水：标准"选项，在"管帽"栏中选择"管帽-PVC-U-排水：标准"选项，单击"确定"按钮完成操作，如图 4-36 所示。

图 4-36　布管系统设置

（5）新建管道尺寸。按 MS 快捷键发出"机械设置"命令，在弹出的"机械设置"对话框中选择"管段和尺寸"选项，在"管段"栏中选择 PVC-U-GB/T 5836 选项，单击"新建尺寸"按钮，弹出"添加管道尺寸"对话框。在"公称直径"栏中输入 100.000mm，单击"确定"按钮完成操作，如图 4-37 所示。

图 4-37　新建管道尺寸

（6）载入"弯头三通"族。选择"插入"→"载入族"命令，弹出"载入族"对话框，找到配套下载资源提供的"弯头三通"族，单击"打开"按钮，将族载入项目中，如图4-38所示。

图4-38　载入"弯头三通"族

（7）放置"弯头三通"族。选择"系统"→"管件"命令，在"属性"面板中选择"弯头三通"类型，"标高"栏中选择"一层"选项，"偏移量"栏中输入-280mm，将弯头三通放置在如图4-39所示位置。

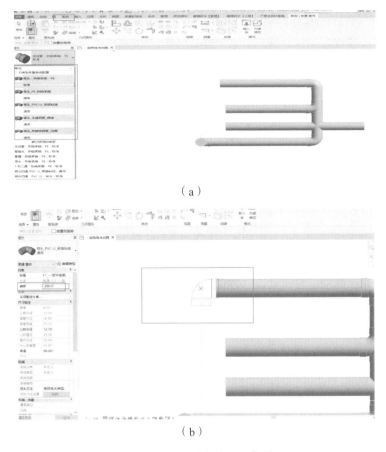

（a）

（b）

图4-39　放置"弯头三通"族

（8）编辑"污水管"属性。选择"系统"→"管道"命令，在"属性"面板中，依次在"水平对正"栏中选择"中心"选项，在"垂直对正"栏中选择"中"选项，在"参照标高"栏中选择二层选项，在"系统类型"栏中选择"污水管"选项，如图4-40所示。

图 4-40　编辑"污水管"属性

（9）绘制管道操作同给水系统。

4.3.2　连接洁具

排水管连接洁具主要涉及存水弯的问题。存水弯是在卫生器具排水管上设置了一定高度水柱（称为"水封"的排水附件），作用是防止排水管道系统中的气体窜入室内。根据形状，存水弯分为 S 形存水弯和 P 形存水弯。

（1）载入存水弯族。选择"插入"→"载入族"命令，弹出"载入族"对话框，选择"机电"→"水管管件"→ GB/T 5836 PVC-U→"承插"目录中的"P 形存水弯-PVC-U-排水"和"S 形存水弯-PVC-U-排水"两个 RFA 族文件，单击"打开"按钮，将族载入项目中，如图 4-41 所示。

图 4-41　载入存水弯族

（2）新建管道尺寸。按 MS 快捷键发出"机械设置"命令，在弹出的"机械设置"对话框中选择"管段和尺寸"选项，在"管段"栏中选择 PVC-U-GB/T 5836 选项，单击"新建尺寸"按钮，在弹出的"添加管道尺寸"对话框中的"公称直径"栏中输入 5.00mm，单击"确定"按钮完成操作，如图 4-42 所示。

图 4-42　新建管道尺寸

（3）绘制洗脸盆污水立管。选择洗脸盆族，右击洗脸盆污水连接点，选择"绘制管道"命令，在"属性"面板中选择"污水管"类型，在"修改|放置管道"栏中的"直径"栏中选择 50mm 选项，在"偏移量"栏中输入 400mm，双击"应用"按钮，绘制洗脸盆污水立管，如图 4-43 所示。

图 4-43　绘制洗脸盆污水立管

（4）放置 S 形存水弯族。选择"系统"→"管件"命令，在"属性"面板选择"S 形存水弯-PVC-U-排水"类型，在"偏移量"栏中输入"400"个单位，捕捉已绘制的立管中心放置 S 形存水弯，单击旋转按钮，将 S 形存水弯旋转到如图 4-44 所示方向。

图 4-44　放置 S 形存水弯族

（5）连接污水管。选择 S 形存水弯，右击存水弯连接点，选择"绘制管道"命令，在"修改放置管道"的"直径"栏中选择 50mm 选项，在"偏移量"栏中输入﹣280mm，与已绘制的污水管连接，如图 4-45 所示。以同样的方法将其他洗脸盆的污水管连接。

图 4-45　连接污水管

（6）小便器、坐便器等卫生器具的操作同前。

4.4　绘制卫浴装置管道连接

本节介绍卫浴装置对象与管道连接的相关知识，如管道连接点、管道连接方式、在族中增加连接点等。在了解了这些知识之后，读者可以理解水管与卫浴装配连接的原理，从而更好地掌握使用 Revit 绘制水管的方法。

4.4.1　管道连接点

一个卫浴装置至少有 1 个水点，其中肯定有 1 个污水点，可能有 1 个给水（冷水）点，可能 1 个热给水点。本节介绍的洗脸盆就有 3 个水点（给水点、热给水点、污水点），而大 / 小便器有 2 个水点（给水点、污水点），污水池则只有 1 个水点（污水点）。选择项目中的卫浴装置（如洗脸盆），会出现管道连接点（也叫"水点"）。管道连接点有热给水点、给水（冷水）点、污水（排水）点，平面图如图 4-46 所示，三维图如图 4-47 所示。图中"进"表示给水（有冷、热两种）点，"出"表示污水点，"25.0mm"表示水管直径为 25mm，"50.0mm"表示水管直径为50mm。一般来说，面对面盆时，给水点的分布是左热右冷。

图 4-46　卫浴装置管道连接点平面图

图 4-47 卫浴装置管道连接点三维图

绘制水管的方法共有 3 种，除了使用"系统"→"管道"命令（快捷键为 PI）外，还有 2 种。一种是可以拖曳"创建管道"的图标，如图 4-48 所示；另一种是右击管道连接点，选择"绘制管道"命令，如图 4-49 所示。

图 4-48 拖曳"创建管道"图标

图 4-49 两种方法的优缺点

使用这两种方法的优点是可以自动捕捉管道连接点，从卫浴装置中继承管道的"直径"与"中间高程"的数值（不需要手动再输入）；缺点是"管道类型"与"系统类型"会有误。所以绘制水管时，经常是这3种方法结合起来使用。

4.4.2 污水池增加水嘴

系统自带的污水池只有1个水点（污水点），使用起来不方便，假如需要增加1个给水点。本节介绍使用修改族的方法，完善污水池的功能。

（1）双击项目中的"污水池"，进入"污水池"族的编辑界面。在"项目浏览器"面板中双击"参照标高"视图进入"参照标高"楼层平面，这就是族编辑界面中的平面视图，如图4-50所示。

图4-50　进入参照标高楼层

（2）导入水嘴。选择"插入"→"导入CAD"命令，在弹出的"导入CAD格式"对话框中将"文件类型"切换至"SketchUp文件（*.skp）"选项，切换"定位"为"自动中心到中心"选项，选择配套资源中提供的"水嘴.skp"文件，单击"打开"按钮将其导入族中。

（3）调整水嘴的位置。将"水嘴"拖曳至相应的位置，在"属性"面板的"底部偏移"栏中输入750字样。进入三维视图可以观察到水嘴的三维效果，如图4-51所示。

图4-51　水嘴三维效果

（4）取消水嘴的平面可见性。选择"水嘴"，在"属性"面板中的"可见性丨图形替换"栏中单击"编辑"按钮，在弹出的"族图元可见性设置"对话框中取消"平面丨天花板平面视图"多选框的勾选，单击"确定"按钮。因为根据建筑制图的相关要求，水嘴不允许出现在平面图中，所以此处要去掉这个选项。

（5）制作圆柱体。使用"创建"→"拉伸"命令，绘制出一个截面半径为25mm、高为30mm（即"拉伸终点"为352，"拉伸起点"为322，352 - 322 = 30）的圆柱体，这个制作好的圆柱体紧贴在水嘴的下方，如图 4-52 所示。这一步制作的这个圆柱体是一个辅助对象，是为了下一步创建管道连接件而设置的。

（6）创建管道连接件。选择"创建"→"管道连接件"命令，再选择上一步制作好的圆柱体下侧的圆形面，如图 4-53 所示。此时会出现一个有"半径"字样的标注，说明管道连接件创建成功。

（7）新建冷水半径参数。选择有"半径"字样的标注，在"属性"面板中单击"尺寸标注"栏中的按钮，在弹出的"关联族参数"对话框中单击"新建参数"按钮，弹出"参数属性"对话框。在"名称"栏中输入"冷水半径"字样，单击"确定"按钮完成操作。

图 4-52　制作圆柱体

图 4-53　创建管道连接件

（8）新建冷水直径参数。单击"族类型"按钮，在弹出的"族类型"对话框中单击"新建参数"按钮，在弹出的"参数属性"对话框中的"名称"栏中输入"冷水直径"字样，单击"确定"按钮完成操作。

（9）定义公式。在"冷水直径"的"公式"栏中输入"冷水半径*2"字样，即冷水直径 = 冷水半径 × 2；在"冷水直径"的"值"栏中输入"25.0"字样，即默认的冷水管的管径（直径）为25mm，单击"确定"按钮。

（10）将族载入到项目中。单击"载入到项目"按钮，在弹出的"族已存在"对话框中选择"覆盖现有版本及其数值"选项。

（11）在项目界面中将调整后的污水池的水嘴连接上给水管，这样就解决了系统自带的污水池族只有污水点而无给水点的问题。

4.5　绘制消防管道

4.5.1　插入喷淋 CAD 图

（1）单击"应用程序菜单"→"打开"→"项目"，选择已经创建标高和轴网的"管线综合"

项目文件，单击"打开"，即打开已有"管线综合"Revit 项目。链接 CAD 喷淋平面图。在"项目浏览器"选项板单击"楼层平面"→"协调-标高 1"，单击功能区"插入"选项卡→"链接"面板→"链接 CAD"，弹出"导入 CAD 格式"对话框，如图 4-54 所示，选择"1 层喷淋平面图"。注意：勾选"仅当前视图"，"导入单位"设为"毫米"，"定位"设为"自动-中心到中心"，单击"打开"，则"1 层喷淋平面图"链接到本项目中。

（2）链接后"1 层喷淋平面图"位于模型中心，建筑结构模型轴网位于原点，二者轴网不重叠，需要对齐。将"1 层喷淋平面图"与建筑结构模型的轴网对齐。单击功能区"修改"选项卡→"修改"面板→"对齐"，先选择对齐目标，再选择需要对齐的对象，分别对齐水平轴线@，垂直轴线@，如图 4-55 所示，则"1 层喷淋平面图"与建筑结构模型的轴网对齐。按两次 Esc键，退出 Revit 选项卡命令。

图 4-54　打开图纸

图 4-55　图纸与结构模型对齐

（3）单击选择"1层喷淋平面图"CAD图，功能区即出现"修改|$层喷淋平面图.dwg"上下文选项卡。此时，设置选项栏"修改|1层喷淋平面图.dwg"为"前景"，如图4-56所示，并单击功能区"修改"选项卡→"修改"面板→"锁定"，锁定"1层喷淋平面图"。

图4-56　锁定操作界面

4.5.2　新建消防"FS-自喷"管道系统过滤器

（1）新建"FS-自喷"管道系统。"项目浏览器"选项板中，单击"族"→"管道系统"→"湿式消防系统"。右击"湿式消防系统"，弹出快捷菜单，单击"复制"，生成"湿式消防系统2"。右击"湿式消防系统2"，弹出快捷菜单，单击"重命名"，输入"FS-自喷"，即新建"FS-自喷"管道系统，如图4-57所示。

图4-57　新建"FS-自喷"管道系统

（2）新建"FS-自喷"过滤器。"项目浏览器"选项板中，单击"楼层平面"→"协调-标高1"，再单击激活绘图区域，键入快捷命令VV，弹出"楼层平面：标高1的可见性/图形替换"对话框。单击"过滤器"选项卡→"编辑/新建"，弹出"过滤器"对话框。单击"新建"图符，弹出"过滤器名称"对话框。在"名称"文本框输入"FS-自喷",单击"确定",即返回"过滤器"对话框,新建"FS-自喷"过滤器,如图 4-58 所示。

图 4-58　新建"FS-自喷"过滤器

（3）定义"过滤器"的过滤规则。"过滤器"对话框中单击"FS-自喷"过滤器,"类别"栏勾选"管件""管道""管道附件";"过滤器规则"栏,"过滤条件"配置为"系统类型等于 FS-自喷",如图 4-59 所示。单击"确定",即返回"楼层平面:标高 1 的可见性/图形替换"对话框。

图 4-59　定义过滤器的过滤规则

（4）添加"FS-自喷"过滤器。在"楼层平面:标高 1 的可见性/图形替换"对话框中单击"添加",弹出"添加过滤器"对话框。单击选择"FS-自喷",再单击"确定","FS-自喷"过滤器添加完成,如图 4-60 所示。

图 4-60　添加"FS-自喷"过滤器

（5）配置"FS-自喷"过滤器的填充颜色。在"楼层平面：标高 1 的可见性/图形替换"对话框中，单击选中"FS-自喷"过滤器，再单击"投影/表面｜填充图案"栏的"替换"，弹出"填充样式图形"对话框。单击"颜色：<无替换>"，弹出"颜色"对话框。输入颜色参数 RGB 250-255-000，单击"确定"，即返回"填充样式图形"对话框。单击"填充图案：<无替换>"，弹出对话框。单击选择"实体填充"，单击"确定"，即返回"楼层平面：标高 1 的可见性/图形替换"对话框。单击"确定"，完成"FS-自喷"过滤器填充颜色的配置，如图 4-61 所示。

图 4-61　配置"FS-自喷"过滤器的填充颜色

4.5.3 新建"消防自喷管"类型

（1）绘制一段管道。单击功能区"系统"选项卡→"卫浴和管道"面板→"管道"，并在"修改|管道"选项栏设置管道参数："直径"为 125，"偏移量"为 3400。在绘图区域，将光标移动到 CAD 图中 DN125 管道左端中心并单击，再移动光标至管道右端并单击，即绘制出 DN125 管道，如图 4-62 所示。

图 4-62　绘制管道

（2）创建"消防自喷管"类型。单击选中 DN125 管道，在"属性"选项板中单击"编辑类型"，弹出"类型属性"对话框，如图 4-63 所示。选择"类型"为"标准"，单击"复制"，弹出"名称"对话框，在"名称"文本框中输入"消防自喷管"，单击"确定"，即完成"消防自喷管"类型创建，并返回"类型属性"对话框。

图 4-63　创建"消防自喷管"类型

（3）"消防自喷管"布管系统配置，在"类型属性"对话框中单击"布管系统配置"右边的"编辑"，弹出"布管系统配置"对话框。单击"管段"选择窗口，弹出"管段"选项列表，单击选择所需"管段"为"碳钢-Schedule 40"材质规格标准，如图4-64所示。再分别单击"最小尺寸""最大尺寸"选择窗口，选择所需最小尺寸和最大尺寸，即可划定"管段"尺寸范围。单击"+"号，可以分别添加选项清单里缺少的"管段""最小尺寸"以及"最大尺寸"等选项。

图 4-64　布管系统配置

在"布管系统配置"对话框中单击"管段和尺寸（S）..."，弹出"机械设置"对话框。"机械设置"对话框具有"管段（S）"选择、"新建管段""删除管段"功能；对于选择的管段（如"钢，碳钢"），具有"新建尺寸（N）""删除尺寸（D）"等功能。

（4）载入消防管件族。依据消防自喷管分段配置需要，在"布管系统配置"对话框中，单击"载入族（L）..."，可载入项目所需的消防管件族，如图4-65所示。选中全部消防管件，单击"打开"，则返回"布管系统配置"对话框。

图 4-65　载入消防管件族

在"布管系统配置"对话框中单击"弯头""三通""四通""连接件"等构件的选择窗口，可以选择配置载入的族连接件。按照消防自喷管分段配置要求，单击选择构件类型，或单击"+"增加（"—"删除）构件类型及其尺寸范围，则可完成布管系统配置，如图4-66所示。单击"确定"，返回绘图区域。

图 4-66　布管系统配置

4.5.4　管道建模

（1）放置消防自喷管。单击功能区"系统"选项卡→"卫浴和管道"面板→"管道"。注意：在"属性（管道类型：消防自喷管）"选项板中选择"系统类型：FS-自喷"，并在"修改|放置管道"选项栏设置管道参数："直径"为125，"偏移量"为3400。在绘图区域，将光标移动到CAD图中垂直方向DN125管道下端中心并单击，再移动至管道上端并单击，即绘制出DN125管道；在"修改|放置管道"选项栏修改管道参数："直径"为80，光标上移并单击，即绘出DN80管段（DN125到DN50管道变径，需要通过DN80管道过渡逐步变径）；"修改|放置管道"选项栏再次修改管道参数："直径"为50，光标继续上移并单击，即绘出DN50管段。此时，绘制出来的消防自喷管具有"FS-自喷"系统过滤器定义的填充颜色RGB 250-255-000，如图4-67所示。

图 4-67　放置消防自喷管

（2）自动生成"T形三通"连接。单击"修改|放置管道"上下文选项卡→"修改"面板→"延伸"，再单击延伸连接目标管，然后单击需要延伸的管道，则两段管道自动生成"T形三通—卡箍"连接，如图4-68所示。

图 4-68　自动生成"T 形三通"连接

（3）自动生成"立管"的操作同给排水系统，如图4-69所示。

图 4-69　自动生成"立管"

4.6　绘制消防管道附件

4.6.1　放置喷头连接管网

（1）添加"喷头"族。单击功能区"插入"选项卡→"从库中载入族"面板→载入后弹出"载入族"对话框，如图4-70所示。单击选中"喷头-下垂型"族文件，单击"打开"，"喷头-下垂型"族即载入当前项目中。

图 4-70 添加"喷头"族

（2）放置"喷头"构件。单击功能区"系统"选项卡→"模型"面板→"构件"→"放置构件"，再单击"属性"选项板→"类型选择器"的选项箭头"▼"，搜索并选择"喷头-下垂型"构件，如图 4-71 所示。注意：先修改"属性（喷头-下垂型）"选项卡中的限制条件"偏移量"为"喷头-下垂型"安装高度要求值，再移动光标到消防支管末端（CAD 图）喷头位置并单击，则"喷头-下垂型"放置在消防支管末端标高为指定位置；此时，"放置构件"命令仍然生效，可以继续放置本楼层各个支管末端的"喷头-下垂型"，直至完成全部喷头放置，再按两次 Esc 键，结束"放置构件"命令。

图 4-71 放置"喷头"构件

（3）将"喷头-下垂型"连接到消防支管末端。"喷头-下垂型"放置在消防支管末端，并不会自动生成管道连接，因此需要逐个连接"喷头-下垂型"到消防支管末端。方法：首先单击选中"喷头-下垂型"，然后单击功能区"修改|喷头"上下文选项卡→"布局"面板→"连接到"，再单击消防支管末端，则"喷头-下垂型"连接到消防支管末端，并自动生成管道连接件。重复该操作，即可完成全部喷头与消防管网的连接，如图 4-72 所示。

图 4-72 将"喷头-下垂型"连接到消防支管末端

（4）检查消防管道及喷头的连接性。单击选中一段消防管道，再连续按 Tab 键，与选中管段连接的管道及其管件，附件均会变成深蓝色，如图 4-73 所示，没有连接到消防管道系统上的构件将保持原有"FS-自喷"系统的填充色。用此方法可以快速检查构件之间的连接成功与否。

图 4-73　检查消防管道及喷头的连接性

4.6.2　放置管道附件

（1）放置消防自喷系统管道附件，如图例说明所列，包括闸阀、水流指示器、减压孔板、泄水阀、试水阀、压力表等。添加"闸阀"族构件。单击功能区"插入"选项卡→"从库中载入"面板→"载入族"，弹出"载入族"对话框（"闸阀"族存放路径：消防\给水和灭火\阀门\闸阀），单击选中"闸阀-50-300mm-法兰式-消防"族，单击"打开"，"闸阀-50-300mm-法兰式-消防"族即载入当前项目中。放置"闸阀"构件。单击功能区"系统"选项卡→"模型"面板→"构件"→"放置构件"，在"属性"选项板，搜索并选择"闸阀-25m"构件，再移动光标到消防 DN125 主管上单击，如图 4-74 所示，则"闸阀-125mm"自动放置到 DN125 主管道上指定位置。按两次 Esc 键，结束"放置构件"命令。旋转"闸阀-125mm"安装方位，以方便维修。

图 4-74　放置消防自喷系统管道附件

（2）单击快速访问工具栏"剖面"，再在需要开剖面的位置单击两点画出剖切线，即创建出"剖面 1"。右击"剖面 1"，弹出快捷菜单，如图 4-75 所示。

图 4-75　放置消防自喷系统管道附件

（3）单击"转到视图（G）"，即可转到视图"剖面 1"中，如图 4-76 所示。

图 4-76　视图剖面 1

（4）在视图"剖面 1"中，单击选中"闸阀-125mm"，再单击功能区"修改"选项卡→"修改"面板→"旋转"，在"闸阀-125mm"垂直轴线上方单击一点，与"闸阀-125mm"默认旋转中心形成旋转起点参考线。移动光标，显示旋转角度，当旋转角度值等于所需转动角度时（如45°）单击，"闸阀"即旋转指定角度。旋转（45°）后的"闸阀-125mm"在"楼层平面"→"协调-标高 1"中的显示效果如图 4-77 所示。

图 4-77　闸阀属性设置

（5）添加管道附件族。依次插入"水流指示器""减压孔板""泄水阀""试水阀""水压表"等族构件，如图 4-78 所示，其中"水流指示器"族的路径为"消防\给水和灭火\附件\水流指示器"，"阀族"的路径为"机电\阀门\截止阀、闸阀"，"水压表"族的路径为"机电\给排水附件\仪表"。

图 4-78　添加管道附件族

（6）放置管道附件族。单击功能区"系统"选项卡→"模型"面板→"构件"→"放置构件"，在"属性"选项板搜索并选择相应管道附件，再移动光标到消防管道系统设计图（CAD 图）指定位置上并单击，即可完成各个管道附件的放置，如图 4-79 所示。

图 4-79　放置管道附件族

本章小结

本章主要介绍了安装工程中给排水系统、消防系统的图纸识读和建模流程。通过本章节的学习希望读者能建立针对本系统全面的建模思路。

第 5 章

BIM 暖通专业模型

本章重难点：掌握建筑暖通专业图纸识读，熟练完成暖通专业模型建立。

暖通专业是机电专业的一个分类，在 BIM 中机电专业统称为 MEP（Mechanical，Electrical and Plumbing）。暖通空调专业包括采暖、通风、空气调节，英文缩写为 HVAC（Heating，Ventilating and Air Conditioning）。

5.1　前期准备

5.1.1　暖通系统图纸识读要点

1. 暖通系统图纸组成

暖通工程施工图由文字部分和图示部分组成。文字部分一般包括图纸目录、设计施工说明、图例和主要设备材料表。图纸部分根据专业划分一般包括平面图、系统图和详图等。

图纸目录：此部分说明该套图纸的数量、规格、顺序等。一般包括该工程设计图纸名称、图号、工程号、图幅大小、备注等。

设计施工说明：包括工程概况、设计依据、设计范围、设计说明、施工说明和其他。

图例：施工图中的管道、设备、附件、配件等，采用《暖通空调制图标准》（GB/T 50114—2010）中统一的图例表示。

主要设备材料表：以表格的形式列出暖通工程使用的主要设备、附件、配件、材料的数量、型号、规格等要求。

平面图根据专业划分为通风及防排烟系统平面图、新风系统平面图和空调系统平面图。平面图主要体现建筑各层设备与管道的平面位置及相互关系。其表达的内容主要有建筑轮廓、主要轴线、轴线尺寸、室内外地面标高、房间名称；风管、水管的规格、标高及定位尺寸；各类暖通风设备和附件的平面位置；设备和立管的编号等。

系统图：主要表明管道系统的立体走向，应能确认管径、标高及末端设备。在系统图中应标注各种设备的型号及主要参数，主要管道的定位尺寸、标高、各种设备及风口的定位尺寸和编号。

详图：也叫大样图。平面图中看不清楚或者需要专门表达的地方需要画详图。比如风机、静压箱、机械加压送风口、排烟风口等设备安装的大样图，图中要标注设备型号、大小尺寸和定位尺寸、标高等。

2. 暖通系统识读顺序

按照图纸目录，设计施工说明、图例、主要设备材料表、平面图、系统图、详图的顺序从头到尾看。对系统图的识读需要结合平面图对照识读；看详图时要找准详图是针对哪个部分的详细表示，以便互相补充和说明，建立全面、系统的三维空间模型。

3. 暖通系统常见图例

暖通工程常用图例见表 5-1 和表 5-2。

表 5-1　暖通工程常用图例（一）

名　称	图　例	名　称	图　例
离心式风机		电动对开多叶调节阀	
管道式风机		风管止回阀	
压差传感器	ΔP	手动密闭阀	
压力传感器	P	余压阀	
风管软接头		百叶风口	
70℃常开防火阀	70℃　　70℃	排烟口	280℃
280℃常闭排烟防火阀	280℃　　280℃	气流方向	
280℃常开排烟防火阀	280℃　　280℃	人流方向	

表 5-2　暖通工程常用图例（二）

名称	图例	备注
矩形风管	***×***	宽(mm) × 高(mm)
圆形风管	φ***	直径(mm)
风管向上		
风管向下		
风管上升摇手弯		
风管下降摇手弯		

名称	图例	备注
天圆地方		左接矩形风管，右接圆形风管
软风管		
圆弧形弯头		
带导流片的矩形弯头		
消声器		
消声弯头		
消声静压箱		
风管软接头		
对开多叶调节风阀		
蝶阀		
插板阀		

4. 结合项目的图纸介绍

该停车楼总建筑面积约为 1.6 万 m²，建筑总高 34.9 m，地上为停车楼、附属经营设施，地下为车库和设备用房。该案例项目中暖通专业包括空调新风系统、多联机空调系统、通风及防排烟系统、补风系统。其中，新风系统采用新风净化机组，共设 4 个新风系统（XF1-4）；空调系统为多联机空调系统，共设 2 个系统（KB1-2）；补风系统为自然补风；防排烟系统为机械排烟系统。

空调冷凝水管采用 UPVC 管，专用胶粘接。干管的坡度不小于 0.5%，支管坡度不小于 1%，冷凝水水平干管始端设置扫除口。制冷剂管道采用磷脱氧无缝拉制紫铜管。冷媒管、冷凝水管采用橡塑管壳保温。室内管道（除凝结水管）厚度为：管径≤DN20 时，$\delta = 22$mm；DN25≤管径≤DN50 时，$\delta = 25$mm；DN70≤管径≤DN125 时，$\delta = 28$mm；管径≥DN150 时，$\delta = 32$mm。室外管道厚度：管径≤DN20 时，$\delta = 25$mm；DN32≤管径≤DN50 时，$\delta = 28$mm；DN70≤管径≤DN125 时，$\delta = 32$mm；管径≥DN150 时，$\delta = 36$mm。冷凝水管保温厚度为 15 mm。空调风管保温材料采用橡塑保温，保温厚度为 25 mm。通风防排烟风管材料采用镀锌钢板，风管外侧包裹材质为工业一体化硅酸钙复合板。管道安装完毕后，先除锈，保温管道刷红丹防锈漆两遍；非保温管道刷红丹防锈漆两遍，调和漆两遍。所注标高对圆形风管时以中心为准，对矩形风管时以管顶为准。所有风口采用铝合金风口。

新风系统：采用新风净化机组，共设 4 个新风系统（XF1-4）。

空调系统：消防控制室采用分体式空调系统。附属经营设施采用多联机空调系统，共设 2 个系统（KB1-2）。

通风及防排烟系统：发电机房设置值班排风系统（PF-1）；柴油发电机运行时通过自带排风扇机械排风。储油间的油箱设有通向室外的通气管，通气管设有带阻火器的呼吸阀，发电机所排热风及高温烟气均设有独立专用风道，并排至室外。变配电室、弱电机房改储油间均设有独立的排风兼事故排风系统（PF-2/4/11）。消防和生活水泵房设置独立机械排风系统（PF-3/5）。卫生间设置排风系统（PF-8/9）。消防控制室设置独立机械排风系统（PF-6/7）。地下车库共设一个防火分区。车库按防火分区分别设有机械排烟兼排风系统（P（Y）F-1）。排烟风机入口处、水平排烟管连接排烟竖井及排烟支管处均设置 280℃ 排烟防火阀。每个防烟分区内设置排烟阀（常闭）和单层百叶风口。补风及排烟系统风管外侧均包裹工业一体化硅酸钙复合板。排（烟）风机采用双速低噪音离心式风机。

补风系统：采用自然补风，补风管道上设置电动风阀。

5.1.2 暖通模型的创建深度

项目在不同阶段对 BIM 模型的要求不一致。根据《建筑工程设计信息模型制图标准》（JGJ/T 448—2018），暖通空调系统的模型单元几何表达精度应符合表 5-3 的规定。

表 5-3 暖通空调系统的模型单元几何表达精度

单元	几何表达精度	几何表达精度要求
设备	G1	·宜以二维图形表示
	G2	·应体量化建模表示主体空间占位
	G3	·应建模表示设备尺寸及位置
		·应粗略表示主要设备内部构造
		·宜表达其连接管道、阀门、管件、附属设备或基座等安装构件
	G4	·宜按照产品的实际尺寸建模或采用高精度扫描模型
风管和管件	G1	·宜以二维图形表示
	G2	·应体量化建模管道空间占位
	G3	·应建模表示管线实际规格尺寸及材质
		·应建模表示风管支管和末端百叶的实际尺寸、位置
		·有保温的管道宜按照实际保温材质及厚度建模
		·应建模表示管道支架的尺寸
	G4	·应按照管线实际规格尺寸及材质建模
		·应建模表示风管支管和末端百叶的实际尺寸、位置
		·有保温管道宜按照实际保温材质及厚度建模
		·宜按照管道实际安装尺寸和材质建模
		·管件宜按照其规格尺寸和材质建模
		·应建模表示管道支架的尺寸和材质

5.2 绘制暖通风系统

暖通风系统包含空调新风系统、送风系统和回风系统。本书以案例项目的空调新风系统为例介绍暖通风系统的操作过程。

5.2.1 暖通模型创建准备

单击 Revit 软件"文件"→"打开"→"项目"，选择已经创建好标高和轴网的"某停车楼"项目文件，点击"打开"，即可打开已有的"某停车楼"Revit 项目文件。

1. 链接空调新风系统的 CAD 图纸

首先打开"项目浏览器"选项板，单击"楼层平面"→"F2_二层平面图_4.800"。然后单击 Revit 软件功能区"插入"选项卡→"链接"面板→"链接 CAD"，弹出"链接 CAD 格式"对话框，如图 5-1 所示。单击"某停车楼（暖通）二层"，并勾选"仅当前视图"，"导入单位"选择"毫米"，"定位"选择"手动-中心"。单击"打开"，则"某停车楼（暖通）二层空调通风平面图" CAD 图纸链接到本项目中。

图 5-1　链接空调新风系统的 CAD 图纸

链接到项目中的 CAD 图与已建的项目轴网不重叠，需要对齐。单击 Revit 软件功能区"修改"选项卡→"修改"面板→"对齐"，先选择对齐目标，再选择需要对齐的对象，分别对齐水平轴线 1-1 和垂直轴线 1-J，如图 5-2 所示，则某停车楼（暖通）二层空调通风平面图与建筑结构模型的轴网对齐。然后点击"修改"选项卡→"锁定"符号（快捷键命令 PN）锁定 CAD 图纸，防止在绘制过程中图纸移动。

操作时如果遇到链接到 Revit 模型中的 CAD 底图不可见时，解决方法如下：在软件的绘图区域单击鼠标右键，弹出快捷菜单，选择"缩放匹配"，则视窗自动收缩匹配，此时可按住鼠标滚轮操作使得链接到 Revit 模型中的 CAD 底图进入视区可见。

图 5-2　对齐空调新风系统的 CAD 图纸

为能清晰显示某停车楼（暖通）二层空调通风平面图的风管系统，可以应用 Revit 软件提供的视图可见性设置功能，通过设置链接的可见性实现。方法如下：键入快捷命令 VV，或者在 Revit 软件的功能区单击"视图"选项卡→"图形"面板→"可见性/图形"，弹出"楼层平面：二层暖通的可见性/图形替换"对话框，切换到"导入的类别"选项卡，取消勾选"某停车楼（暖通）二层空调通风平面图"，单击"确定"，则链接的 CAD 底图不可见。

2. 设置视图范围

首先，设置楼层平面的"某停车楼（暖通）二层"的视图范围。在"项目浏览器"选项板中单击"楼层平面"的"某停车楼（暖通）二层"，在"某停车楼（暖通）二层"的"属性"选项板中找到"范围"→"视图范围"，单击"编辑"，弹出"视图范围"对话框，设置视图范围参数，主要范围：顶部偏移 4500；剖切面偏移 4500；底部偏移 0；视图深度中的标高偏移：0。如图 5-3 所示，设置完毕后单击"确定"。

图 5-3　设置视图范围参数

5.2.2　创建空调新风系统

案例项目空调新风系统的绘制包括新风风管、风管附件、设备和风道末端。

创建空调新风系统

1. 新建新风管管材类型

单击 Revit 软件功能区"系统"选项卡→"HVAC"→"风管"→"属性"→"编辑类型"→"复制"系统族：矩形风管，根据《建筑工程设计信息模型制图标准》（JGJ/T 448—2018）对

168

暖通专业的主要模型元素的命名规定，将其重命名为：新风风管_镀锌钢板，如图5-4所示。

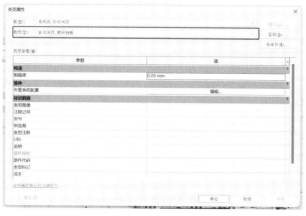

图 5-4 创建新风管管材类型

2. 新建系统类型

在"项目浏览器"选项板中单击"族"→"风管系统"，将软件自带的送风改作新风系统，操作方法如下：选中"送风"，点击鼠标右键选择"复制"→"重命名"，将其命名为：新风系统。

3. 绘制新风风管

单击软件功能区"系统"选项卡→"HAVC"面板→"风管"，在"属性"选项板中选择风管的类型为"新风风管_镀锌钢板"，水平对正选择"中心"，风管的系统类型选择"新风系统"。在"修改|放置风管"选项栏中设置风管参数：宽度为630，高度为400，偏移量为3550，如图5-5所示。将鼠标移至CAD图中"630×400"风管左端起点处单击，然后将鼠标标至风管右端中心再次单击，即绘制出630×400风管段。

图 5-5 绘制尺寸 630 × 400 的新风风管

单击选中绘制好的630×400风管管段，右键单击风管管段右边节点，弹出快捷菜单，选择"绘制风管"，在"修改|放置风管"选项栏修改风管参数：宽度为450，高度为320，偏移量

为 3550。在绘图区域移动鼠标，根据 CAD 底图的提示，在 450 × 320 管段的终点位置单击，即绘制出 450 × 320 风管管段；最后再次"修改|风管"选项栏继续修改风管参数：宽度为 320，高度为 250，偏移量不变。在绘图区域拖动光标并在 CAD 底图 320 × 250 管段的终点位置单击，即绘制出 320 × 250 风管管段，风管会自动生成管件，如图 5-6 所示。

图 5-6　新风系统绘制完成

风管水平对正与垂直对正。如图 5-7 所示，图中两段变径风管，分别是 630 × 400 的风管段和 450 × 320 的风管段，用鼠标单击选中其中的一段风管，按下 Ctrl 键，再单击选中另一段风管，此时"属性"选项板中，"矩形风管：新风管_镀锌钢板"的约束条件显示：水平对正"中心"，垂直对正"中"。此时可单击"修改|风管"选项卡→"对正"，切换到"对正编辑器"的选项卡。单击"对正"面板中的"对齐线"，再在绘图区域单击风管顶边线，则风管垂直对正红色箭头"对齐线"移到风管顶边线上。

这时，单击"对正编辑器"选项卡→"对正编辑器"面板→"完成"，则"属性"选项板中，630 × 400 的风管段和 450 × 320 的风管段的约束条件改变为：水平对正"左"，垂直对正"顶"。采用同样的操作方法，则可将两段变径风管的约束条件的水平对正由"左"，改为"中心"。

图 5-7　风管对正图

4. 布置新风系统风管附件及设备

风管创建完成后，可以继续添加风管附件和新风系统的设备。本案例项目二层的新风系统需要添加的风管附件有：70℃电动防火调节阀、电动风阀、风管软接头、管道消声器、微穿孔板消声弯头。设备有新风净化机（XF-3和XF-4）并将其连接到已经创建好的风管中。以"70℃电动防火调节阀"族构件为例讲解新风系统风管附件及设备的绘制过程。

（1）添加"70℃电动防火调节阀"族构件。首先，单击功能区"插入"选项卡→"从库中载入"面板→"载入族"，弹出"载入族"对话框，选择"MEP"→"风管附件"→"风阀"。单击选中"防火阀_矩形_电动_70℃"族文件，单击"打开"，就把"防火阀_矩形_电动_70℃"族载入到该项目文件中，如图5-8所示。

图5-8 添加"70℃电动防火调节阀"族构件

（2）绘制70℃电动防火调节阀。单击功能区"系统"选项卡→"HVAC"面板→"风管附件"→"放置构件"，移动鼠标以拖拽的方式将"防火阀_矩形_电动_70℃"拖到绘图区域所需位置进行放置。则"防火阀_矩形_电动_70℃"构件自动安装到相应的风管上，如图5-9所示。按两次Esc键，结束"放置构件"命令。当安装的风管阀门需要修改方向时，可以移动鼠标选中需修改的阀门，单击功能区"修改|风管附件"→"修改"→"旋转"完成阀门的方向旋转，如图5-10所示。

图5-9 绘制"70℃电动防火调节阀"族构件

图 5-10 "70℃电动防火调节阀"族构件的旋转

采用同样的方法可以绘制"管道消声器""新风净化机""风管软接头""微穿孔板消声弯头"等设备和管件族。

5. 布置新风系统风道末端

新风系统的风管及风管附件创建完成以后，即可布置风道末端。在 Revit 软件中风道末端是指风口，根据 CAD 图纸可知，本层新风系统风口为方形散流器，尺寸为 180 × 180。操作过程如下：

（1）添加"方形散流器"族构件。单击功能区"插入"选项卡→"从库中载入"面板→"载入族"，弹出"载入族"对话框，选择"China"→"MEP"→"风管附件"→"风口"→"散流器-方形"，单击"打开"。

如果没有案例项目需要的散流器尺寸，可以新建相应类型的散流器。以新建"散流器-方形250 × 250"类型为例。单击"项目浏览器"选项板→"族"→"风道末端"→"散流器-方形"，可见"散流器-方形"族构件类型。选中"180 × 180"，右键弹出快捷菜单，单击"复制"，将其重命名为"250 × 250"。双击"250 × 250"，弹出"散流器-方形"的"类型属性"对话框，如图 5-11 所示。修改"类型参数"："风管宽度"设置为 250，"风管高度"设置为 250（此时，散流器长度和宽度会自动改变），"类型注释"设置为 250 × 250，单击"确定"，即创建"散流器-方形 250 × 250"新类型。

（2）放置尺寸类型为 180 × 180 的散流器。单击功能区"系统"选项卡→"HAVC"面板→"风道末端"，再单击"属性"选项板→"类型选择器"的选项箭头，搜索并选择"散流器-方形180 × 180"构件。然后，单击功能区"模型"→"构件"→"修改|放置构件"上下文选项卡→"布局"面板→"风管末端安装到风管上"，再移动鼠标将尺寸类型为 180 × 180 的散流器拖动到新风管主管上正确的安装位置后单击鼠标左键，则尺寸类型为 180 × 180 的散流器自动安装到新风管主管底面上。

如果风道末端安装于吊顶上方，也可直接在散流器"属性"面板下设置风道末端的偏移量，然后再移动鼠标将尺寸类型为 180 × 180 的散流器拖动到新风管主管上正确的安装位置后即可。此时风道末端与风管之间会自动生成立管连接。

图 5-11 新建散流器尺寸

5.3 绘制暖通冷媒系统

绘制暖通冷媒系统-
冷媒管布管布管系统配置

本项目的空调系统为多联机空调（VRV）系统，也称变冷
媒流量多联式空调系统。系统包括制冷剂管道（冷媒管）和冷
凝水管道。冷媒管为磷脱氧无缝拉制紫铜管。冷凝水管为
UPVC 管。冷媒管的创建方式与给排水专业中的给水管的创建
方式相同。冷凝管的创建方式同排水管。操作演示过程以案例项目二层空调系统为例。

1. 新建冷媒管管材类型

单击 Revit 软件功能区"系统"选项卡→"卫浴和管道"→"管道"→"属性"→"编辑类
型"→"复制"系统族，将其重命名为冷媒水系统_磷脱氧无缝拉制紫铜管_焊接，并按如图 5-
12 所示进行布管系统配置。

图 5-12 新建冷媒管管材类型

2. 添加"多联分体空调室内机"族构件

单击功能区"插入"选项卡→"从库中载入"面板→"载入族",弹出"载入族"对话框,选择"China"—"MEP"→"空气调节"→"VRF"→"多联分体空调室内机",单击"打开",如图 5-13 所示。

图 5-13 添加"多联分体空调室内机"族构件

3. 放置多联分体空调室内机

单击功能区"系统"选项卡→"机械"面板→"机械设备",再单击"属性"选项板,选择"多联分体空调室内机"的相应型号。然后在多联分体空调室内机"属性"面板下设置其偏移量,再移动鼠标将该型号的多联分体空调室内机拖动到 CAD 底图上正确的安装位置。

4. 绘制冷媒水管道

单击功能区"系统"选项卡→"卫浴和管道"面板→"管道",再单击"属性"选项板,选择"冷媒水系统_磷脱氧无缝拉制紫铜管_焊接",设置管道的水平对正为"中心",垂直对正为"中",并修改管道的系统类型为"冷媒水系统"。由于设计说明中明确冷媒管的管径根据厂家要求确定,所以此处仅以管道直径 DN32 为例设置。将鼠标移至多联分体空调室内机处,在"修改|放置管道"面板内输入直径 32.00,偏移 3040.00。单击鼠标左键按照 CAD 底图的冷媒管的位置进行绘制。立管的绘制可通过修改选项卡中的偏移量并点击"应用"按钮完成。绘制完成后如图 5-14 所示。

图 5-14 绘制冷媒水管道

5. 绘制分歧管

首先添加"分歧管"的族构件。然后根据 CAD 底图的显示，选中相应的冷媒管，单击"修改"面板→"拆分图元"，拆分冷媒管；再点击功能区"系统"选项卡→"卫浴和管道"面板→"管件"，再单击"属性"选项板，选择"分歧管"，在 CAD 底图的相应位置放置即可，如图 5-15 所示。选中分歧管，可在其属性的尺寸标注中修改冷媒支管连接的管径，如图 5-16 所示。如果需要修改分歧管的方向，可选中分歧管，点击旋转按钮，修改其方向。

图 5-15　绘制分歧管

图 5-16　修改分歧管属性

6. 新建冷凝水管材类型

单击 Revit 软件功能区"系统"选项卡→"卫浴和管道"→"管道"→"属性"→"编辑类型"→"复制"系统族，将其重命名为：冷凝水_PVC-U_承插粘接。根据案例项目图纸，冷凝水管道需要设置 0.5% 的坡度。可按如图 5-17 所示进行布管系统配置。也可在功能区"管理"选项卡→"MEP 设置"→"机械设置"→"坡度"→"新建坡度"，设置坡度值为 0.5%。

图 5-17　设置冷凝水管道坡度

7. 绘制冷凝水管

空调的冷凝水管需设置坡度，因此绘制时选择从管道末端开始绘制。单击功能区"系统"选项卡→"卫浴和管道"面板→"管道"，再单击"属性"选项板，选择"冷凝水_PVC-U_承插

粘接"，设置管道的水平对正为"中心"，垂直对正为"中"，并修改管道的系统类型为"冷凝水系统"。将鼠标移至冷凝水管末端，单击"修改|放置管道"面板→"带坡度管道"→"向上坡度"设置为 0.5%，输入直径 32.00，偏移 3020.00。单击鼠标左键按照 CAD 底图的冷凝管的位置从末端进行绘制。当冷凝水管坡度值或者方向发生变化时，可应用"修改|放置管道"面板→"带坡度管道"中的"继承高程""向上坡度""向下坡度"来进行绘制。绘制完成后如图 5-18 所示。

图 5-18　冷凝管绘制完成

8. 添加保温层

对于暖通专业，冷媒系统管道需要添加保温层。根据案例项目的设计说明可知，冷媒管、冷凝管采用橡塑管壳保温，保温厚度为 32mm。单击功能区"修改|风管"→"添加隔热层"。将隔热层类型选为酚醛泡沫体，厚度改为 32mm，如图 5-19 所示。点击编辑类型：确认材质为橡塑管壳。然后点击"确定"添加冷媒系统管道的保温层。

图 5-19　添加保温层

5.4　绘制暖通防排烟系统

本项目的排烟系统为机械排烟系统，包括排烟风机、排烟风管、排烟风口、280°C排烟防火阀、排烟阀、止回阀等。排烟系统的创建步骤为机械设备、风管、风管附件。操作演示过程以案例项目二层防排烟系统为例。

绘制暖通防排烟系统

1. 新建排烟管管材类型

根据案例项目，该项目排烟系统的风管有矩形风管和圆形风管，矩形风管的创建过程与新风系统的矩形风管一致。现讲解圆形风管的创建过程。单击 Revit 软件功能区"系统"选项卡→"HVAC"→"风管"→"属性"→"编辑类型"→"复制"系统族：圆形风管，根据《建筑工程设计信息模型制图标准》（JGJ/T 448—2018）对暖通专业的主要模型元素的命名规定，将其重命名为：排风风管_镀锌钢板。由于案例项目圆形风管尺寸为 φ310mm，软件默认尺寸没有此规格型号，故需进行布管系统配置。单击"类型属性面板"→"编辑"→"风管尺寸"，点击新建尺寸，将尺寸修改为：310mm。点击"确定"添加该类型管道尺寸，如图 5-20 所示。

图 5-20　新建排烟管管材尺寸

2. 绘制排风管

单击软件功能区"系统"选项卡→"HAVC"面板→"风管"，在"属性"选项板中选择风管的类型为圆形风管"排风风管_镀锌钢板"，水平对正选择"中心"，风管的系统类型选择"排风系统"。并在"修改|放置风管"选项栏中设置风管参数：直径为 310，偏移量为 3500，如图 3-13 所示。将鼠标移至 CAD 底图中"φ310mm"风管左端起点处单击，然后将鼠标标至风管右端中心再次单击，即绘制出尺寸为 φ310mm 水平风管段。其他尺寸规格的水平排风管按照 CAD 图纸中本层排风管的尺寸和位置分别绘制。此处垂直风管的绘制操作过程如下：用鼠标捕捉尺寸规格为 320 × 250 的排风管立管中心，点击鼠标右键选择绘制风管，同时修改偏移量为：500。点击"应用"按钮，即可绘制该尺寸规格排风管的向下立管。

3. 添加排风系统族构件

由图纸可知，案例项目需要载入的族构件包括排烟风机、280℃排烟防火阀、排烟阀、止回阀。单击功能区"插入"选项卡→"从库中载入"面板→"载入族"，弹出"载入族"对话框，选择"China"—"MEP"→"消防"→"防排烟"，选中相应族构件单击"打开"。

4. 绘制排风系统管道附件

以 280℃排烟防火阀的绘制为例，单击功能区"系统"选项卡→"HVAC"面板→"风管附件"→"放置构件"，移动鼠标以拖拽的方式将"280℃排烟防火阀"拖到绘图区域所需位置进

行放置。则"280℃排烟防火阀"族构件自动安装到相应的风管上。按两次 Esc 键，结束"放置构件"命令。当安装的风管阀门需要修改方向时，可以移动鼠标选中需修改的阀门，单击功能区"修改|风管附件"→"修改"→"旋转"完成阀门的方向旋转。

5. 绘制排风系统风口

风口的绘制方式与新风系统的风道末端的绘制方式相同。

5.5　风管标记

风管标记

在 BIM 建模后，为充分表达模型信息，常常需要在二维视图或锁定的三维视图中进行类型标注。同类型的构件，则需要详细表达标注内容，丰富标注信息。在 Revit 软件中通过设计多类型可供选择的标注族实现对风管进行标记的功能。操作过程如下：

点击 Revit"文件"→"新建"→"族"→"注释"→"公制常规标记.rft"，进入族编辑视图，如图 5-21 所示。进入族编辑工作界面后，将注意事项删除。然后将其另存为"风管标记 RVT"。然后点击"族类别和族参数"作如下修改：过滤器列表选"机械"，选中"风管标记"，并在族参数中勾选"随构件旋转"，点击"确定"，如图 5-22 所示。

图 5-21　新建排烟管管材尺寸

图 5-22　风管标记族类别和族参数修改

在编辑界面点击鼠标左键弹出"编辑标签"，依次选择标签参数"系统类型""宽度""高度""系统类型"，并将高度处的空格改为"0"，前缀改为"×"，顶部高程的前缀改为"FL+"，如图 5-23 所示。然后点击属性面板"编辑类型"，可修改其颜色、背景、文字字体、文字大小等类型参数。根据建筑工程的出图规范，需要将文字字体修改为仿宋，文字大小修改为 3.5mm，宽度系数修改为 0.7，然后点击"应用"，再点击"确定"。

图 5-23　标签参数修改

将其载入到项目。点击"注释"→"按类别标记"，或者直接输入快捷键 TG，最后依次点击需要标记的风管，便可进行风管标记。

本章小结

本章主要介绍了暖通专业图纸识读要点和暖通专业中新风系统、多联机空调系统、防排烟系统 BIM 模型创建过程。通过对本章的学习希望读者能熟练掌握暖通专业图纸识读和模型的创建应用。

第 6 章

BIM 电气专业建模

电气系统主要涉及建筑供配电技术，建筑设备电气控制技术，电气照明技术，防雷、接地与电气安全技术等。

本章主要介绍电气专业的建模基础，包括桥架、附件、连接件、电气设备的创建和编辑。本章节重难点：掌握建筑电气工程专业图纸识读，熟练完成电气工程专业模型建立。

6.1 前期准备

6.1.1 电气工程图纸识读要点

1. 电气工程图纸组成

电气工程施工图纸的组成有首页（主要包括目录、设计说明、图例、设备器材图表）、电气系统图、平面布置图、大样图和标准图等。

（1）首页设计说明包括设计依据、工程概况、负荷等级、保安方式、接地要求、负荷分配、线路敷设方式、设备安装高度、施工图未能表明的特殊要求、施工注意事项、测试参数及业主的要求和施工原则等。图例即图形符号，通常只列出本套图纸中所涉及的图形符号，在图例中可以标注装置与器具的安装方式和安装高度。设备器材表：表明本套图纸中的电气设备、器具及材料明细。

（2）电气系统图：指导组织定购，安装调试。

（3）平面布置图：指导施工与验收的依据。

（4）标准图集：指导施工及验收的依据。

2. 电气工程图纸识读顺序

（1）读图原则。就建筑电气施工图而言，一般遵循"六先六后"的原则，即先强电后弱电、先系统后平面、先动力后照明、先下层后上层、先室内后室外、先简单后复杂。

（2）读图方法与顺序：

①看标题栏：了解工程项目名称内容、设计单位、设计日期、绘图比例。

②看目录：了解单位工程图纸的数量及各种图纸的编号。

③看设计说明：了解工程概况、供电方式及安装技术要求。

④看图例：充分了解各图例符号所表示的设备器具名称及标注说明。

⑤看系统图：各分项工程都有系统图，如变配电工程的供电系统图、电气工程的电力系统图、电气照明工程的照明系统图，需了解主要设备、元件连接关系及它们的规格、型号、参数等。

⑥看平面图：了解建筑物的平面布置、轴线、尺寸、比例，各种变配电设备、用电设备的编号、名称和它们在平面上的位置，各种变配电设备起点、终点、敷设方式及在建筑物中的走向。对于一栋单体建筑，按照电能量的传递方向，其电气配电照明系统由进户线→总配电箱→干线→分配电箱→支线→照明器具组成。电气动力系统是从配电屏顺电流方向至用电设备的电动机来理解的：由配电柜/屏→线路→控制箱或接线盒组成。

⑦看标准图：标准图详细表达设备、装置、器材的安装方式/方法。

⑧看设备材料表：设备材料表提供了该工程所使用的设备、材料的型号、规格、数量，是编制施工方案、编制预算、材料采购的重要依据。

3. 电气图纸与设计说明识读

"某停车楼"项目图纸从电施 DC-01~DC-58，共计 58 张图纸，对应图纸内容见图纸目录。在电气专业建模中主要关注下列图纸信息。

（1）关注设计说明中导线、管材、连接方式等信息，如图 6-1 所示。

六、导线选择及敷设

1. 由变配电室低压开关柜引至普通电气设备的供电干线采用WDZ（N）-YJY-0.6/1KV经车库桥架引来，由低压开关柜引至消防设备的供电干线采用阻燃耐火电缆NG-A-0.6/1KV暗敷或沿耐火金属桥架内敷设。消防动力支线采用阻燃耐火电线WDZN-BYJ，暗敷时应采用焊接钢管敷设在混凝土内，且保护层厚度不小于30mm，明敷时应采用耐火金属线槽或金属管保护，金属管上应采用钢质防火材料（耐火3小时）。

2. 线路及敷设

（1）照明、动力干线采用WDZ（N）-YJY-0.6/1KV电缆。

（2）除图中注明外，一般照明插座支路均采用WDZ-BYJ-2.5mm²-450/750V导线；空调、卫生间支路采用WDZ-BYJ-4mm²-450/750V导线。由单联开关至灯具的线路为两根，其余未注明照明分支线路均为三根，当埋入混凝土或墙体内暗敷时，穿燃型重型硬塑料管PVC保护；当明敷时，应采用镀锌钢管保护。管径选择见国标图集19DX101-1第6~28，6~29页。

3. 消防用电设备的配电线路均暗敷在不燃烧结构体内。采用金属管或金属线槽明敷设处，在其上涂防火涂料保护，敷设消防线路的桥架均增加防火保护措施，在桥架表面涂防火涂料。

4. 配电间（竖井）内线路均为明敷，所有孔洞待电气设备安装完成后用防火堵料（GG无机防火堵料或防火砖）封堵。

5. 穿金属管布线要求：

（1）穿管布线明敷时，其固定点间距不应大于参见附表1所列数值：

附表1：

穿管种类	穿管公称直径/mm²			
	15~20	25~32	40~50	65~100
	最大间距/m			
钢管	1.5	2.0	2.5	3.5

附表2：

导线截面/mm²	穿管公称直径/mm						
	2	3	4	5	6	7	8
2.5		16		20		25	
4		16	20		25		32

图 6-1 管线敷设

（2）关注设备的安装方式，如图6-2所示。

五、设备安装

1. 本工程所采用的电气产品均应符合国家有关标准，凡属于强制性认证的产品应取得国家的认证标志。供电产品、消防产品应具有入网许可证。

2. 除注明外，开关、插座分别距地1.3m、0.3m暗装；卫生间内开关、插座选用防潮、防溅型；有淋浴、浴缸的卫生间内插座须设在2区以外；所有插座均带安全门；水泵等设备位置详见给排水，有淋浴、浴缸的卫生间内插座须设在2区以外；所有插座均带安全门；水泵等设备位置详见给排水。

3. 灯具安装高度详图例。

4. 所有配电柜均落地安装，地下室动力控制箱底距地1.5米安装；电井内配电箱安装方式见配电箱系统图。做法详见04D702-1《常用低压配电设备安装》。

5. 开关、插座和照明灯具靠近可燃物时，应采取隔热、散热等防火措施。

6. 消防配电设备应设有明显标志。除地上设置的标志灯的面板可以采用厚度4mm及以上的钢化玻璃外，设置在距地面1m及以下的标志灯的面板或灯罩不应采用易碎材料或玻璃材质。在顶棚、疏散路径上方设置的灯具的面板或灯罩不应采用玻璃材质。安全出口和疏散门的正上方应采用"安全出口"作为安全标志。应急照明灯具和灯光疏散指示标志应符合《消防应急照明和疏散指示系统技术标准》GB 51309-2018的有关规定。

7. 消防系统配电装置与其应急电源配电装置并列布置时，分界处设防火隔断。

图6-2　设备安装信息

（3）关注系统图，了解主要设备、元件连接关系及它们的规格、型号、参数，如图 6-3 所示。

图6-3　配电箱系统图

182

（4）关注图例表中名称、图例以及设备安装高度，其中包括配电箱、开关、插座和灯具等设备的安装高度，如图6-4所示。

主要设备材料表

序号	图例	名 称	型号及规格	备 注
1		照明配电箱	见系统图	见系统图
2		双电源照明配电箱	见系统图	见系统图
3		双电源动力配电箱	见系统图	见系统图
4		动力配电箱	见系统图	见系统图
5		应急照明分配电箱装置	见系统图	见系统图
6		挡烟垂壁控制箱	厂家配套	明装，梁下0.2米
7		普通二三联插座	AP86Z223A10	暗装，距地0.3米
8		单相带接地插座（带开关）	AP86Z13A16	暗装，距地2.2米
9		单相带接地插座（带开关）	AP86Z13A16	暗装，距地0.3米
10		单相带接地插座（带开关）	AP86Z13A16	暗装，门上0.5米
11		单管日光灯	支架 亮盈 配LED星际T5直管 23W 平盖 单支 L1233mm	杆吊，距地2.4米
12		单管日光灯	支架 亮盈 配LED星际T5直管 15W 平盖 单支 L1233mm	壁装，距地2.4米
13		双管日光灯	支架 亮盈 配LED星际T5直管 2*28W 平盖 单支 L1233mm	杆吊，距地2.4米
14		双管应急灯（应急时间180分钟）	LED消防应急照明灯具 支架 亮盈配LED 直管双端平盖支 2x28W（风机房为2x16W）	壁装，距地2.4米
15		双管应急灯（应急时间180分钟）	LED消防应急照明灯具 支架 亮盈配LED 直管双端平盖支 2x28W（消防泵房为2x16W）	杆吊，距地2.4米
16		单管日光灯	支架 亮盈 配LED星际T5直管 15W 平盖 单支 L1233mm	壁装，距地2.4米
17		环形灯（自带开关）	LED 柔� 18W Φ320x110mm 白色	吸顶
18		座灯头	22W	壁装，门上0.15米
19		座灯头（应急时间30分钟）	22W	壁装，门上0.15米
20		环形灯	LED吸顶灯 柔雅II 18W Φ320x110mm 白色	吸顶
21		应急吸顶灯（应急时间180分钟）	LED消防应急照明灯具 柔雅 22W	吸顶
22		防水灯	LED灯 亮峰 20W Φ320x70mm 白色 IP54	吸顶
23		壁灯	LED M18明月 12W 圆形 深灰	壁装，距地2.4米
24		应急壁灯（应急时间180分钟）	LED消防应急照明灯具 M18明月 12W 圆形 深灰	壁装，距地2.4米
25		单联单控开关	AP86K11-10	暗装，距地1.3米
26		双联单控开关	AP86K21-10	暗装，距地1.3米
27		三联单控开关	AP86K31-10	暗装，距地1.3米
28		单联双控开关	AP86K12-10	暗装，距地1.3米
29		带自锁紧急呼叫按钮	JLH-50K	明装，距地0.5米
30		声光喇叭	JLH-40L	明装，门上0.15米
31		LED显示屏	JLH-40X	明装，门上0.15米
32		室内固定枪式摄像机	SNO-6084RP	吊装，距地2.4米
33		自锁型按钮	LA10-2S	暗装，距地1.3米
34		风机	见暖施	见暖施
35		局部等电位联结端子箱	做法见15D502	暗装，距地0.3米
36		总等电位联结端子箱	做法见15D502	暗装，距地0.3米
37		高压配电柜	KYN28-12	变配电室落地安装
38		低压配电柜	GCS	变配电室落地安装
39		变压器	SCBH15-1250/11	变配电室落地安装
40		发电机	C400 D5eB	发电机房内落地安装

注：设备数量以平面图为准．
所有插座均采用安全型．

图6-4 主要材料表

（5）关注电施 DC-01、DC-23~41，查看设计说明中桥架布线要求以及各层照明、动力强电金属桥架尺寸、位置和安装标高。根据一层动力平面图中标注可知，未注明桥架按梁下 0.1 m 吊装，普通配电桥架与消防配电桥架间隔 0.1 m 设置。

6.1.2　电气建模介绍

在实际项目中，一般只创建桥架模型，但为了教学需要，本章会对电气图纸中相关桥架、设备、开关、插座、灯具、线管等一并介绍。

6.2　绘制桥架

1. 链接 CAD

（1）打开图纸。

单击 Revit 软件"文件"→"打开"→"项目"，选择已经创建好标高和轴网的"某停车楼"项目文件，点击"打开"，即可打开已有的"某停车楼"Revit 项目文件。

（2）链接电气系统的 CAD 图纸。

首先打开"项目浏览器"选项板，单击"楼层平面"→"F2_一层平面图_4.800"。然后单击 Revit 软件功能区"插入"选项卡→"链接"面板→"链接 CAD"，弹出"链接 CAD 格式"对话框。单击"某停车楼一层动力平面图"，并勾选"仅当前视图"，"导入单位"选择"毫米"，"定位"选择"手动-中心到中心"。单击"打开"，则"某停车楼一层动力平面图"CAD 图纸链接到本项目中。

（3）对齐。

当链接到项目中的 CAD 图与项目轴网不重叠，需要对齐。单击 Revit 软件功能区"修改"选项卡→"修改"面板→"对齐"，先选择对齐目标，再选择需要对齐的对象，分别对齐水平轴线 1-1 和垂直轴线 1-J，则某停车楼一层动力平面图与建筑结构模型的轴网对齐。然后点击"修改"选项卡→"锁定"符号（快捷键命令 PN）锁定 CAD 图纸，防止在绘制过程中图纸移动。至此，完成一层动力平面图 CAD 图纸导入。

（4）查找图纸信息。

查看图纸电施-DC-34 一层动力平面图、图纸电施 DC-01~04 设计总说明和图例表，找到要载入的桥架和桥架信息。

电缆桥架

2. 载入与创建桥架类型

（1）载入族。

在 Revit 软件默认提供的族库中涵盖了机电项目建模中通用的设备构件族，用户在使用 Revit 建模时可以直接使用 Revit 提供的通用设备构件族，也可以自定义创建项目所需设备构件族。在本节讲解中，使用的是 Revit 默认族库中通用的设备构件族，在建模时直接载入所需族即可。

① 载入桥架族。在"项目浏览器"窗口中展开"族"类别，单击鼠标左键选中"电缆桥架配件"类型展开，在"电缆桥架配件"类别中选中"带配件的电缆桥架—槽式桥架"，选择复制

创建，重命名为"普通配电电系统_槽式_镀锌"，如图 6-5 所示。

图 6-5　载入桥架族

② 载入桥架管件族。单击"系统"选项卡"电气"面板中的"电缆桥架配件"工具，在"载入族"窗口单击打开"MEP-配电设备-电缆桥架配件"文件夹，选择槽式电缆桥架全部管件，单击"打开"将管件载入到项目中，如图 6-6 所示。

图 6-6　载入桥架管件族

（2）创建桥架类型。

①创建桥架配件。在"电缆桥架配件"类别中选择"槽式电缆桥架垂直等径上弯通"下的"标准"，单击鼠标右键菜单中选择"复制"，选中刚复制创建出来的标准 2，右键重命名为"普通配电-槽式-垂直等径上弯通"，如图 6-7 所示。重复上述操作创建其他桥架配件。

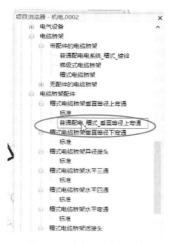

图 6-7　创建桥架配件

②创建桥架类型。单击"系统"选项卡"电气"面板中的"电缆桥架"工具，在"属性"窗口中点击"编辑类型"打开"类型属性"窗口，按图 6-8 所示对桥架管件进行配置，配置完成后，点击"确定"完成电缆桥架管件创建（对桥架配件配置时应记住"内上外下"原则，即在"类型属性"窗口下的"管件"处，"垂直内弯头"类型应选择为"槽式电气桥架垂直等径下弯头"，"垂直外弯头"则相反）。

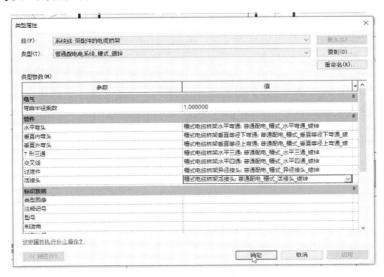

图 6-8　设置桥架类型

3. 绘制桥架

（1）设置桥架信息。

通过图纸电施-DC-34"一层动力平面图"可知桥架的宽度、高度和敷设高度信息。单击"系统"选项卡"电气"面板中的"电缆桥架"工具，在"属性"窗口桥架类型选择刚刚设置完成的"普通配电系统_槽式_镀锌"，在"选项栏"位置选择桥架"宽度"为 200mm，"高度"为 100mm，偏移量设置为 4075mm。参照标高是一层的底标高梁下 0.1m 吊装，因此根据建施、结构图梁（0.8 m）的标高，确定偏移量 4075 较合适，如图 6-9 所示。

图 6-9　设置桥架信息

（2）绘制桥架。

单击鼠标左键绘制桥架，从桥架起点继续绘制到终点处，因前面内容已经为桥架配置好桥架配件，所以此处系统将自动生成桥架管件（若桥架未自动生成管件，可点击"修改"面板里面的命令进行连接），如图6-10所示。

图 6-10　绘制桥架

（3）按照上述步骤，完成一层动力平面图桥架绘制，点击 Revit 左上角快速访问栏上"保存"功能保存项目文件，如图6-11所示。

图 6-11　绘制一层动力平面图桥架

4. 总结

上述 Revit 软件绘制桥架的操作步骤主要分为三步。第一步：查看图纸信息，链接 CAD 图纸并锁定对齐；第二步：载入并创建一层动力桥架；第三步：绘制电缆桥架。按照本操作流程，读者可以完成"停车楼"项目桥架的创建。

6.3 绘制电气设备构件

6.3.1 链接CAD图纸

绘制电气设备

1. 打开图纸

单击Revit软件"文件"→"打开"→"项目"，选择已经创建好标
高和轴网的"某车库"项目文件，点击"打开"，即可打开已有的"某停车楼"Revit项目文件。

2. 链接电气照明系统的CAD图纸

操作步骤同6.2"绘制桥架"。

3. 对齐

当链接到项目中的CAD图与项目轴网不重叠时，需要对齐。操作步骤同6.2"绘制桥架"。

4. 查找图纸信息

查看图纸电施DC-34一层照明平面图和图纸电施DC-01~ DC-04设计总说明和图例表，找
到要载入的设备构件和设备构件名称。

6.3.2 载入与绘制灯具构件

1. 绘制天花板

灯具构件属于在顶面上安装的设备，按照Revit软件的原则，必须在天花板或者楼板平面图
中布置。以在天花板平面图中布置为例，首先需要创建天花板平面，单击"建筑"选项卡下的
"天花板"工具，选择"绘制天花板"，进入草图编辑模型选择"矩形"，进行天花板外轮廓的绘
制，设置天花板高度尺寸，如图6-12和图6-13所示。

图 6-12 创建天花板平面

图 6-13　天花板外轮廓的绘制

2. 载入灯具族

首先单击"系统"选项卡，选择"照明设备"，载入"照明设备"族，结合案例情况，选择"双管悬挂式灯具"，单击"打开"，将双管悬挂式灯具载入到项目中，如图 6-14 所示。

图 6-14　载入灯具族

3. 布置"双管应急灯具"

（1）在"属性"窗口，单击"编辑类型"，在"类型属性"窗口单击"重命名"修改名称为"双管应急灯"后单击"确定"，如图 6-15 所示。结合案例图纸，修改标高为"2400"，如图 6-16 所示。

图 6-15　创建双管应急灯具

图 6-16　修改标高

（2）单击"修改|放置 设备"选项卡"放置"面板中的"放置在面上"，如图 6-17 所示。

图 6-17　放置双管应急灯具

（3）移动鼠标拾取天花板平面，点击鼠标左键布置"双管应急灯"（在布置时如果出现设备构件与平面图布局方向不一致时，可通过键盘"空格"键的方式切换设备构件方向），单击"修改|照明设备"选项卡"修改"面板中的移动工具，移动"双管应急灯"到平面图所在位置，如图 6-18 所示。

图 6-18　布置双管应急灯具

6.3.3 载入与绘制插座、开关、配电箱构件

1. 绘制参照平面

插座、开关、配电箱构件属于在墙面上安装的设备，首先需要绘制参照平面，单击"系统"选项卡下的"工作平面"面板中的"参照平面"工具，分别在"插座""开关"和"配电箱"与墙面连接部位绘制参照平面，如图 6-19 所示。

图 6-19　绘制参照平面

2. 载入族插座与布置插座

（1）载入族。

①单击"系统"选项卡"电气"面板中的"设备"下拉选项中的"电气装置"工具，如图 6-20 所示。

图 6-20　选择插座族

②结合案例图纸，选择"单相二三极插座-暗装"，单击"打开"，将插座载入项目中，如图 6-21 所示。

图 6-21　载入插座族

（2）布置插座。

①单击"编辑类型"，在"类型属性"窗口单击"重命名"修改名称为"单相二三极插座-暗装"，如图 6-22 所示。

图 6-22　创建插座

②结合案例图纸，在"限制条件"位置输入"默认高程"参数为 300，如图 6-23 所示。

图 6-23　修改插座安装高度

③单击"修改|放置 设备"选项卡"放置"面板中的"放置在垂直面上",移动鼠标拾取前面绘制的"参照平面",单击鼠标左键布置"插座",空格键选择方向,按照图纸信息布置插座,如图 6-24 所示。

图 6-24　放置插座

3. 载入族开关与布置开关

（1）载入族。

①单击"系统"选项卡"电气"面板中的"设备"下拉选项中的"照明"工具,如图 6-25 所示。

图 6-25　选择开关族

②结合案例图纸,选择"单联开关-暗装",单击打开,将开关载入到项目中,如图 6-26 所示。

图 6-26　载开关入族

（2）布置开关。

①单击"编辑类型"，在"类型属性"窗口单击"重命名"，修改名称为"单联单控开关"。结合案例图纸，在"属性"窗口"限制条件"位置输入"立面"参数为1300，如图 6-27 所示。

图 6-27　修改开关安装高度

②单击"修改|放置 灯具"选项卡"放置"面板中的"放置在垂直面上"，移动鼠标拾取前面绘制的"参照平面"，单击鼠标左键布置"开关"，空格键切换方向，单击"修改"选项卡中的"移动"工具，移动"开关"到平面图所在位置，如图 6-28 所示。

图 6-28　布置开关

4. 载入与布置配电箱

（1）载入族配电箱。

①单击"系统"选项卡"电气"面板中的"电气设备"下拉选项中的"配电设备"工具，选择"照明配电箱明装"，单击"打开"，将配电箱载入到项目中，如图 6-29 所示。

图 6-29　载入族配电箱

（2）布置配电箱。

①单击"编辑类型"，在"类型属性"窗口单击"重命名"修改名"1APEF"，结合案例图纸，在"尺寸标注"位置修改类型参数"宽度"为 600mm，"高度"为 700mm，"深度"为 160mm，单击"确定"。单击"修改|放置 灯具"选项卡"放置"面板中的"放置在垂直面上"，移动鼠标拾取前面绘制的"参照平面"，单击鼠标左键布置"配电箱"，空格键切换方向，单击"修改"选项卡中的"移动"工具，移动"配电箱"到平面图所在位置，如图 6-30 所示。

图 6-30　布置配电箱

最后，在三维视图窗口查看最终结果并保存项目文件。最终结果如图 6-31 所示。

图 6-31　灯具、插座、开关和配电箱三维图

6.3.4　总结

1. 步骤总结

上述 Revit 软件布置照明设备构件的操作步骤主要分为五步。第一步：查看设计说明，确定要载入的照明设备构件；第二步：载入图纸中涉及的几种照明设备、开关和配电箱；第三步：创建构件放置平面（包括天花板平面、参照平面）；第四步：绘制天花板；第五步：布置照明设备构件（包括设备构件布置方向的调整、位置的调整）。按照本操作流程，读者可以完成停车楼项目照明设备构件的布置。

2. 业务扩展

在 Revit 模型放置构件后，有可能出现放置的构件二维图例大小与 CAD 图纸中构件的图例大小不一致的情况，这是因为 CAD 图纸也只是图例，并不代表构件实际尺寸，所以放置的构件不一定和 CAD 图例尺寸完全重合，只要构件放置的位置正确即可。构件没有明确尺寸的，可按照 Revit 族库中构件的常规尺寸。

6.4　绘制线管

Revit 软件提供了默认的线管类型，在使用 Revit 建模绘制线管时可在此基础上复制，创建出需要的线管类型。本节以案例项目的电气照明系统为例，讲解"线管"载入和绘制布置的操作步骤。

6.4.1　链接 CAD 图纸

1. 链接 CAD 图纸

图纸链接同 6.2 "绘制桥架"，此处略。

绘制线管

2. 查找图纸信息

查看图纸电施-DC-34 一层照明平面图和图纸电施 DC-01~ DC-04 设计总说明和图例表，找到要载入的线管材质类型和线管信息。

6.4.2 载入与绘制线管

1. 载入族

（1）载入线管族。

①单击"系统"选项卡"电气"面板中的"线管"工具，如图 6-32 所示。

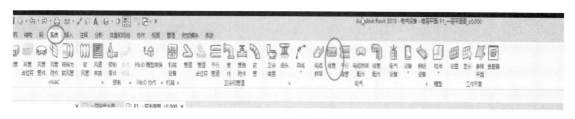

图 6-32 载入线管族

②单击"属性"窗口中的"编辑类型"，打开"类型属性"窗口，单击"复制"，修改名称为"强电-线管-SC"后单击"确定"，如图 6-33 所示。

图 6-33 创建线管类型

（2）载入线管配件。

单击"线管配件"工具，根据 6.2 节电缆桥架配件的载入方法，将线管配件载入项目中。单击"机电—供配电—配电设备—线管配件—EMT"，点击"打开"，载入线管配件，如图 6-34 所示。

图 6-34 载入线管配件

2. 创建线管配件与线管

（1）创建线管配件。

在"项目浏览器"窗口中展开"族"类别，单击鼠标左键选择"线管配件"类别展开，选择"线管变径套管-PVC"下的"标准"，单击鼠标右键选择"复制"，选择刚创建出来的"标准 2"右键重命名为"照明"，重复上述操作创建其他系统配件，如图 6-35 所示。

图 6-35 创建线管配件

（2）创建线管。

单击"系统"选项卡"电气"面板中的"线管"工具，单击"属性"窗口中的"编辑类型"

打开"类型属性"窗口，结合案例情况，对线管管件进行配置，配置完成后点击"确定"完成"照明"管件创建。以强电照明为例，如图 6-36 所示。

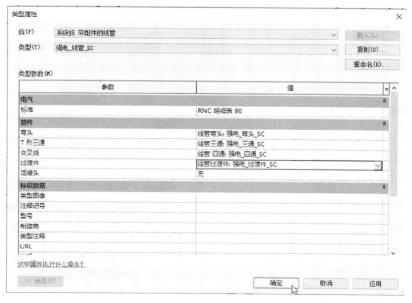

图 6-36　创建线管

6.4.3　绘制线管

1. 添加线管尺寸

通过图纸电施-DC-32 可知一层消防间线管为 SC15、SC20 尺寸。单击"管理"选项卡"设置"面板中的"MEP 设置"下拉选项中的"电气设置"工具，选择"线管设置"类别下的"尺寸"，选择"新建尺寸"在"添加线管尺寸"窗口中添加尺寸。SC15 线管具体数值如图 6-37 所示。

图 6-37　添加线管尺寸

2. 绘制线管

（1）设置线管信息。单击"系统"选项卡"电气"面板中的"线管"工具，在"属性"窗口找到"照明"，根据电施 DC-32"配电箱系统图"可知该房间线管管径为 15，在选项栏位置设置为 15mm，偏移量设置为 4100mm，如图 6-38 所示。

图 6-38　设置线管信息

（2）绘制线管。单击鼠标左键绘制线管，按照 CAD 图纸对所有该尺寸照明线管进行绘制，如图 6-39 所示。

图 6-39　绘制线管

（3）创建剖面视图。单击"剖面"选项卡"创建"面板中的"剖面"工具，移动鼠标左键依次点击设备视图范围内两点创建剖面。单击鼠标左键选中剖面，选择"转到视图"在剖面视图中，在下方视图控制栏位置选中"详细程度"中的"精细"，单击鼠标左键选中管道，在右键窗口选择"绘制线管"命令，从线管继续绘制管道到配电箱或开关处，如图 6-40 所示。在三维视图下查看连接配电箱最终结果，如图 6-41 所示。单击 Revit 左上角快速访问栏上"保存"功能保存项目文件。

图 6-40　创建剖面视图

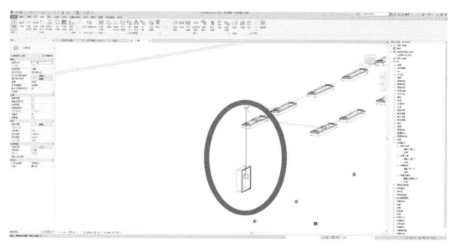

图 6-41　三维视图

6.4.4　总结

1. 步骤总结

上述 Revit 软件绘制线管的操作步骤主要分为 11 步。第 1 步：进入楼层平面；第 2 步：链接 CAD 图纸；第 3 步：将图纸轴网与项目轴网对齐并锁定；第 4 步：复制已有线管类型，新建所需线管类型；第 5 步：载入线管类型所需配件族；第 6 步：在项目浏览器"线管配件"中创建照明、动力等配件；第 7 步：在"类型属性"窗口下的"管件"处为线管配置合适配件；第 8 步：添加需要的线管尺寸规格；第 9 步：绘制线管；第 10 步：使用线管连接开关和照明设备；第 11 步：完成其他层和其他专业的线管绘制。按照本操作流程，读者可以完成"某停车楼"项目线管的绘制。

2. 业务扩展

（1）在配置好线管配件后可按图纸所示线管位置直接绘制。不同类型的线管根据图纸要求放置在不同高度，若图纸无明确说明，尽量将不同类型的线管放置在不同高度，有利于后期调整修改。

（2）配管配线常使用的线管材质有水煤气钢管（又称焊接钢管，分镀锌和不镀锌两种，其管径以内径计算）、电线管（管壁较薄，管径以外径计算）、硬塑料管、半硬塑料管、塑料波纹管、软塑料管和软金属管（俗称蛇皮管）等。线管中，EMT 为钢管；RMC 为铝管，RNC 为 PVC 管，Sch 为壁厚。

（3）电气识图可参照以下原则：先强电后弱电、先系统后平面、先动力后照明、先简单后复杂。

6.5　绘制过滤器

本项目包含许多小专业，为建模时清楚区分各专业系统，一般会使用 Revit 软件过滤器的功能为各机电管线系统设置不同的颜色,实现各小专业管线模型在不同视图下的显示状态。下面以"某停车楼"为例，讲解电气

过滤器设置

照明系统过滤器设置的操作步骤。

1. 新建电气工程过滤器

（1）在"项目浏览器"窗口中打开"F1-一层平面图"平面视图，在"属性"窗口中选择"可见性/图形替换"，点击"编辑"打开，在"可见性/图形替换"窗口"过滤器"页签中单击下方"编辑/新建"，如图 6-42 所示。

（a）

（b）

图 6-42　新建过滤器

（2）在"过滤器"窗口中有 Revit 提供的样板中默认设定好的过滤器可供用户直接使用。新建一个照明系统过滤器，点击左下角"新建"图标色，在"过滤器名称"窗口中输入名称"照明系统"后点击"确定"，如图 6-43 所示。

图 6-43　新建照明系统

（3）在"过滤器"窗口，选择"照明系统"，在过滤类别"类别"中勾选"电气"，照明系统一般会有照明设备、灯具、线管、线管配件等，这些都是根据实际项目中来设置。在右侧"过滤器规则"位置选择过滤条件为"类型名称"→"等于"→"照明"后点击"确定"，如图6-44所示。

图6-44　过滤器类型标记

2. 添加照明系统规则

在"可见性/图形替换"窗口"过滤器"页签下点击左下角"添加"，在"添加过滤器"窗口中选择"照明系统"，点击"确定"，将"照明系统"过滤器添加到"可见性/图形替换—过滤器"页签中，如图6-45所示。

图6-45　添加照明系统规则

3. 设置"照明系统"过滤器颜色

在"可见性/图形替换"窗口"过滤器"页签中可设置对应过滤器的可见性、投影/表面显示，在"投影/表面"中点击"填充图案"下方的"替换…"，在"填充样式图形"窗口点击"颜色"右侧菜单，在"颜色"窗口设置紫色，点击"确定"按钮，填充图案选择"实体填充"，点击"确定"按钮完成填充图案设置，如图6-46所示。

4. 通过过滤器可见性调整照明系统显示状态

打开"可见性/图形替换"窗口"过滤器"页签，取消勾选"照明系统"可见性，如图6-47所示。点击"确定"后在"F1—一层平面图"平面视图下查看发现照明系统线管、设备等变为不可见，勾选"照明系统"使照明系统线管等可见并保存最终结果。

图 6-46　设置"照明系统"过滤器颜色

图 6-47　调整过滤器可见性

5. 设置新风、给排水等系统过滤器

通过上述操作步骤设置新风系统、强电系统、给排水系统、消防系统等的颜色显示，颜色显示无固定，可区分清楚即可。

6. 总结

上述 Revit 软件布置照明设备构件的操作步骤主要分为 5 步。第 1 步：新建新风系统过滤器；第 2 步：添加新风系统过滤器到过滤器中；第 3 步：设置填充图案颜色为紫色；第 4 步：通过过滤器设置取消勾选新风系统的可见性；第 5 步：创建其他专业的过滤器。按照本操作流程，读者可以完成"某停车楼"系统过滤器的设置。

本章小结

本章主要介绍了电气专业的建模基础，包括前期准备、桥架、附件、连接件、电气设备的创建和编辑，并通过一个实际工程项目案例，介绍电气模型的创建流程。通过对本章的学习希望读者能结合图纸完成对某电气模型的创建。

第 3 篇

BIM 模型后期应用及其拓展

第 7 章

模型渲染与布图打印

本章重点讲解模型的渲染、布置视图、打印和图纸输出等内容。

7.1　模型浏览

利用 Revit2019 软件，我们完成了建模工作，那么如何查看模型的三维形式，或者如何只查看某一楼层的三维形式呢？另外，如果要查看建筑模型内部的构件，应该如何处理呢？有没有比较便捷、明了的方法呢？

（1）利用视图菜单栏的默认三维视图功能，可以直接对建筑模型的整体三维形式进行查看；也可以通过软件最上方快捷按钮中的小房子图标对建筑模型的整体三维形式进行查看。

（2）如果要分楼层查看，如何来处理呢？在默认三维视图状态下，右击选择右上角的视图魔方。在右键菜单中利用定向到视图，选择所需查看的对应楼层即可。

（3）查看单独构件的三维形式可以利用剖面框和选择框。在默认三维视图状态下，在"属性"选项卡中，勾选"剖面框"，软件会提供默认的剖面框形式。选中剖面框，拉动拖拽柄，与建筑模型相交，即可查看相交处内部的模型三维，如内部楼梯。

7.2　渲染及漫游操作方法

7.2.1　渲染步骤

渲染操作方法

在 Revit Architecture 中，渲染三维视图的工作流程有 7 个步骤：

（1）创建建筑模型的三维视图。

（2）指定材质的渲染外观，并将材质应用到模型图元。

（3）为建筑模型定义照明。如果渲染图像将使用人造灯光，应将它们添加到建筑模型；如果渲染图像将使用自然灯光，应定义日光和阴影设置。

（4）将以下内容添加到建筑模型中：植物、人物、汽车和其他环境、贴花（此步骤可依据渲染需求来确定是否进行）。

（5）定义渲染设置。

（6）渲染图像。

（7）保存渲染图像。

7.2.2 模型渲染

（1）渲染视图前首先对构件材质进行设置，进入将要渲染的三维视图，单击"视图"选项卡下"图形"面板中的"渲染"命令，弹出"渲染"对话框，如图7-1所示。首先调节渲染出图的质量，单击"质量"栏内"设置"选项框的下拉菜单，从中选择渲染的标准，渲染的质量越好，渲染需要的时间就会越长，所以要根据需要设置不同的渲染质量标准。

在"渲染"对话框中"输出设置"栏内可调节渲染图像的分辨率，"照明"设置栏内可对"方案"和"日光设置"进行设置。"背景"设置栏内可设置视图中天空的样式。"图像"设置栏内可调节曝光和最后渲染图像的保存格式及位置。所有参数设置完成后，单击对话框左上角的"渲染"按钮，开始进入渲染过程，渲染完成后单击对话框下端"导出"命令，弹出"保存图像路径"对话框后设置图像的保存格式和存放位置，最后完成图片的渲染，效果如图7-2所示。

图 7-1　渲染设置

图 7-2　渲染效果

（2）动画演示。

① 选择"视图"上下文选项卡"创建"面板中的"三维视图"命令，在下拉选项中选择"漫游"命令，进入漫游路径绘制状态。将鼠标光标放在入口处开始绘制漫游路径，单击鼠标左键插入一个关键点，隔一段距离再插入一个关键点，绘制一条循环路径，完成后按 Esc 键退出，此时项目浏览器面板中会发现新建的漫游，如图7-3所示。

漫游操作方法

图 7-3 绘制漫游路径

② 双击漫游 1 进入相应视图，点击"编辑漫游"命令，自动激活"编辑漫游"选项卡，如图 7-4 和图 7-5 所示。

图 7-4 "编辑漫游"命令

图 7-5 激活"编辑漫游"选项卡

③ 回到原视图可以看到添加的各关键帧和相机位置，如图 7-6 所示。

④ 切换至平面视图，选择"控制"选项为"活动相机"，可以设置相机的"远剪裁偏移""目标点位置""视图范围"等，如图 7-7 所示。

图 7-6　关键帧和相机位置

图 7-7　活动相机

⑤ 点击"漫游"面板下的"上一关键帧"等命令，移动相机的两个按钮可以逐帧设置相机的位置和视口的大小及方向。为了更方便和直观地设置检查制作的效果，可以打开平面、立面、漫游视图，查看相机效果，如图 7-8 所示。

图 7-8　查看相机效果

⑥ 设置完成后，点击"播放"观看漫游效果，如果速度过快或者对帧数不满意，可以单击帧数，并在弹出的对话框中按照图 7-9 设置漫游帧。

图 7-9　设置漫游帧

（3）导出漫游。

单击"应用程序菜单"按钮，选择"导出"→"图像和动画"选项，弹出对话框，如图 7-10 所示。

图 7-10　图像和动画

根据需要调节输出长度和格式，如图 7-11 所示。

图 7-11 长度/格式

选择文件类型：avi 或图像文件（jpeg、tiff、bmp 或 png），在"视频压缩"对话框中，从已安装在计算机上的压缩程序列表中选择视频压缩程序，如图 7-12 所示。

图 7-12 视频压缩

7.3 明细表创建方法

（1）打开"视图"→"明细表"→"明细表/数量"，如图 7-13 和图 7-14 所示。

明细表创建方法

图 7-13 "明细表"命令

图 7-14 "明细表/数量"命令

（2）选中想要导出明细的对象，如窗、门或墙等，点击"确定"，如图 7-15 所示。

图 7-15 选择想要导出明细的对象

（3）在左边的可选栏里面选择需要的参数，点选"添加"，如图 7-16 所示。

图 7-16 选择参数

（4）创建限制明细表中数据显示的过滤器。最多可以创建 4 个过滤器，且所有过滤器都必须满足数据显示的条件。可以使用明细表字段的许多类型来创建过滤器：包括文字、编号、整数、长度、面积、体积、是/否、楼层和关键字明细表参数。以下明细表字段不支持过滤：族、类型、族和类型、面积类型（在面积明细表中）、从房间、到房间（在门明细表中）、材质参数。

（5）修改属性，设置排序方式，勾选"总计"，选择"合计与总数"，勾选"逐项列举明细表中的图元的每个实例"，如图 7-17 所示。

图 7-17　排序/成组

（6）设计格式，设定各个字段的输出格式。注意：标题可以与字段名不同；勾选"计算总数"，可以进行列统计，如图 7-18 所示。

图 7-18　格式

（7）设置外观：选择网格线，设置轮廓线，设置标题文字，如图 7-19 和图 7-20 所示。

图 7-19　外观

图 7-20　输出样式

（8）编辑表格。可以手工编辑表格中留空的内容，也可以从列表中选择一个值；编辑属性中的名称、字段、过滤器、排序/成组、格式和外观。在创建明细表后，可能需要按成组列修改明细表的组织和结构。可以创建多层标题和子标题，以在明细表中提供更详细的信息；合并成组单元格（列标题成组），如图 7-21 所示。

□ F1	▦ 门明细表	×						

<门明细表>

A	B	C	D	E	F	G	H	I
		洞口尺寸		樘数		选用图集		
设计编号	类型	宽度	高度	总数	标高	参照图集	型号	备注
JLM3024	I3024 ▽	3000	2400	1	F1			专业厂家设计制作
			1					
M1027	防盗门	1000	2700	5	F1			
M1027	防盗门	1000	2700	5	F2			
M1027	防盗门	1000	2700	5	F3			
			15					
M1527	防盗门	1500	2700	1	F1			
M1527	防盗门	1500	2700	1	F2			
M1527	防盗门	1500	2700	1	F3			

图 7-21　编辑表格

7.4　布图与打印方法

7.4.1　图纸布图

无论是导出为 CAD 文件还是打印，均需要创建图纸，并布置视图至
图纸上，而图纸布置完成后，还需要设置各个视图的视图标题、项目信
息设置等操作。

布图与打印方法

Revit 中，为施工图文档集中的每个图纸创建一个图纸视图，然后在每个图纸上放置多个图
形或明细表，其中，施工图文档集也称为图形集或图纸集。

打开光盘文件中的"某三层办公楼项目.rvt"项目文件，该文件已经为各个视图添加了尺寸
标注、高程点、明细表等图纸中需要的项目信息。

单击"图纸组合"面板中的"图纸"按钮，将会弹出"新建图纸"对话框，在该对话框中选
择需要的标题栏，如图 7-22 所示。

图 7-22　"新建图纸"对话框

在"图纸组合"面板中单击"视图"按钮，在弹出的"视图"对话框的列表中选择"楼层平面 F1"，然后单击"在图纸中添加视图"按钮，将光标指向图纸空白区域单击，放置该视图，如图 7-23 所示。

图 7-23　平面视图

7.4.2　视　口

在图纸中添加视图时，在图纸上会显示视口以代表该视图。视口与窗口相似，通过该视口可以看到实际的视图。如果需要，可以激活视图并从图纸修改建筑模型。视口仅适用项目图形，如楼层平面、立面、剖面和三维视图。它们不适用于明细表。视口的类型有三种：有线条的标题、没有线条的标题和无标题。

如果要修改与视图标题一起显示的水平线的长度，应执行下列操作：

（1）放大视图标题，直到可以清楚地看到蓝色拖拽控制柄。注：应确保已为图纸上的视图选择了视口。若尝试选择视图标题而不选择视口，则水平线的蓝色拖拽控制柄不会显示。

（2）拖拽控制柄将水平线缩短或加长，如图 7-24 所示。

① 第2层
1：100

图 7-24　水平线长度调整

7.4.3　编辑视图图元

在图纸中选择视图，单击右键，选择"激活视图"可以编辑视图，其他部分变成灰色显示则不能编辑。在图纸中编辑与在视图中编辑的操作完全一致，编辑完毕后，再次单击右键，选择"取消激活视图"便可退出编辑状态，如图 7-25 所示。

图 7-25　激活视图

7.4.4　打印与图纸导出

图纸布置完成后，可以将指定的图纸视图导出为 CAD 图纸，也可以利用打印机把图纸视图打印出来。

（1）"打印"工具可打印当前窗口、当前窗口的可见部分或所选的视图和图纸。可以将所需的图形发送到打印机，打印为 PDF 文件。

① Revit 默认情况下，会打印视图中使用"临时隐藏/隔离"隐藏的图元。

② 使用"细线"工具修改过的线宽，打印出来也是按其默认的线宽。

③ Revit 在默认情况下，不会打印参照平面、工作平面、裁剪边界、未参照视图的标记和范围框。

（2）单击"应用程序菜单"按钮，选择"打印"→"打印预览"命令，如图 7-26 所示。

（3）在"打印范围"选项中选择"所选视图/图纸"按钮，"选择"按钮被激活，单击"选择"按钮，弹出"视图/图纸集"对话框，如图 7-27 所示。

（4）若只选中对话框中的"显示"区域的"图纸"复选框，对话框中将只显示所有的图纸；若单击对话框右边的"选择全部"按钮，则所有图纸的复选框会自动被选中，单击"确定"按钮回到"打印"对话框。

图 7-26　"打印"对话框

图 7-27　"视图/图纸集"对话框

（5）单击"选项"区域的"设置"按钮，弹出"打印设置"对话框，设置打印采用的纸张尺寸、打印方向、页面设置、打印缩放、打印质量和颜色。设置完成后，单击"确定"按钮回到"打印"对话框。

（6）最后单击"确定"按钮，即可自动打印图纸。

本章小结

标准化出图在每个项目设计中都会应用到，本章详细地讲解了标准化出图的流程，包括从创建图纸到布置视图再到最后导出图纸。通过学习本章的内容，读者可以清楚地了解 BIM 技术。

第 8 章

模型综合协调与深化

本章重难点：了解碰撞检查、管线综合、净高分析的原理；掌握应用 Revit 软件对 BIM 模型进行碰撞检查、管线综合、净高分析应用的操作方法。

8.1 碰撞检查

利用 Revit 软件碰撞检查功能对机电各专业管线进行碰撞检查，提前发现机电管线交叉碰撞部位并进行管线调整，避免在施工过程中出现管线交叉、碰撞及拆改情况。

对 BIM 模型的碰撞检查主要分为机电专业与机电专业的碰撞检查、机电专业与建筑（结构）专业的碰撞检查。

8.1.1 机电专业与机电专业碰撞检查

绘制完成"某停车楼机电专业"BIM 模型后，需要在 Revit 软件中使用碰撞检查功能检查机电各专业管线之间的碰撞。因为在机电各专业中，电气专业除电缆桥架在公共区域安装与其他机电专业有交叉情况外，电线线管和接线盒等相关专业均为隐蔽暗埋安装，不涉及与其他专业的碰撞交叉情况，所以本节主要以给排水专业和暖通空调专业为例讲解机电管线碰撞检查操作，具体操作步骤如下。

（1）在 Revit 软件中打开"某停车楼机电模型"项目文件，单击"视图"选项卡下"创建"面板中"三维视图"下拉选项中的"默认三维视图"工具，如图 8-1 所示，在默认三维视图中，单击"视图"选项卡下"图形"面板中"视图样板"下拉选项中的"将样板属性应用于当前视图"工具，将"某停车楼视图样板"应用于"默认三维视图"中，如图 8-2 所示。

图 8-1 默认三维视图

图 8-2　某停车楼视图样板

（2）在"默认三维视图"中，打开"属性"窗口中的"可见性／图形替换"功能，在"模型类别"页签下过滤器列表中关闭电气相关专业可见性，如图 8-3 所示。最终结果如图 8-4 所示。

图 8-3　可见性/图形替换工具

（3）单击"协作"→"坐标"→"碰撞检查"→"运行碰撞检查"工具，如图 8-5 所示。"碰撞检查"窗口分为左、右两列，两列的最上方为碰撞检查的对象选择，在这里可以通过"类别来自"选择当前项目或者外部链接进来的项目。本节检测机电各专业间的碰撞，因此选择当前项目与当前项目的碰撞，在"类别来自"下方所列内容为当前 BIM 模型中所有模型构件类型。可通过勾选左右两侧的类别，选择需要碰撞的构件类型（可多选）。例如，检测 BIM 模型中管道与风管之间的碰撞，可分别选择左边的"管道"和右边的"风管"，如图 8-6 所示。选择完成后点击下方"确定"，运行碰撞检查命令，最终结果如图 8-7 所示。

图 8-4　给排水专业和暖通空调专业模型

图 8-5　运行碰撞检查工具

图 8-6　碰撞检查选项

图 8-7　碰撞检查运行结果

（4）导出"碰撞报告"。在"冲突报告"窗口可查看所选择的碰撞类别之间的所有碰撞点，并可将碰撞检查结果导出形成碰撞报告。导出的"碰撞报告"为 html 格式，导出结果如图 8-8 所示。

冲突报告

冲突报告项目文件: C:\Users\Administrator\Desktop\教材\模型\北碚万达广场旁停车楼-机电.rvt
创建时间: 2024年2月1日 11:38:45
上次更新时间:

	A	B
1	管道: 管道类型: 自动喷淋给水_内外壁热镀锌钢管_沟槽: ID 6602081	风管: 矩形风管: 排烟风管_镀锌钢板: ID 6170397
2	管道: 管道类型: 自动喷淋给水_内外壁热镀锌钢管_沟槽: ID 6616956	风管: 矩形风管: 排烟风管_镀锌钢板: ID 6182486
3	管道: 管道类型: 冷媒水_PVC-U_承插粘接: ID 6622072	风管: 矩形风管: 排烟风管_镀锌钢板: ID 6197767
4	管道: 管道类型: 冷媒水_PVC-U_承插粘接: ID 6230620	风管: 矩形风管: 排烟风管_镀锌钢板: ID 6200228
5	管道: 管道类型: 冷媒水_PVC-U_承插粘接: ID 6230872	风管: 矩形风管: 排烟风管_镀锌钢板: ID 6200416
6	管道: 管道类型: 室内消火栓_热镀锌钢管_沟槽: ID 6390521	风管: 矩形风管: 排烟风管_镀锌钢板: ID 6206201
7	管道: 管道类型: 冷媒水_PVC-U_承插粘接: ID 6230673	风管: 矩形风管: 排烟风管_镀锌钢板: ID 6206739
8	管道: 管道类型: 冷媒水_PVC-U_承插粘接: ID 6230907	风管: 矩形风管: 排烟风管_镀锌钢板: ID 6206739
9	管道: 管道类型: 冷媒水_PVC-U_承插粘接: ID 6228411	风管: 矩形风管: 新风风管_镀锌钢板: ID 6864765
10	管道: 管道类型: 冷媒水_PVC-U_承插粘接: ID 6228490	风管: 矩形风管: 新风风管_镀锌钢板: ID 6864765
11	管道: 管道类型: 室内消火栓_热镀锌钢管_沟槽: ID 6379192	风管: 矩形风管: 新风风管_镀锌钢板: ID 6872034
12	管道: 管道类型: 室内消火栓_热镀锌钢管_沟槽: ID 6390460	风管: 矩形风管: 新风风管_镀锌钢板: ID 6872034
13	管道: 管道类型: 室内消火栓_热镀锌钢管_沟槽: ID 6390463	风管: 矩形风管: 新风风管_镀锌钢板: ID 6872034
14	管道: 管道类型: 室内消火栓_热镀锌钢管_沟槽: ID 6390474	风管: 矩形风管: 新风风管_镀锌钢板: ID 6863415
15	管道: 管道类型: 室内消火栓_热镀锌钢管_沟槽: ID 6390474	风管: 矩形风管: 新风风管_镀锌钢板: ID 6864373
16	管道: 管道类型: 自动喷淋给水_内外壁热镀锌钢管_沟槽: ID 6594559	风管: 矩形风管: 新风风管_镀锌钢板: ID 6864765

图 8-8　碰撞检查冲突报告

（5）查看碰撞部位。在消息栏中，可点开选择碰撞点，通过"显示"功能在视图中快速定位到具体碰撞部位，如图 8-9 所示。

图 8-9　碰撞检查冲突显示

（6）通过以上操作方法可完成对某停车楼机电模型的碰撞检查。对于步骤（5）中所检查到的碰撞部位，可直接进行修改调整，也可将全部碰撞点查看完毕后，制定统一的碰撞调整方案，根据调整方案由各专业建模人员各自调整模型。

8.1.2　机电专业与建筑（结果）专业碰撞检查

通过 Revit 软件还可以检测机电专业 BIM 模型和外部链接的建筑或结构专业 BIM 模型之间的碰撞，本节主要以链接建筑 BIM 模型为例，讲解机电专业 BIM 模型与建筑专业 BIM 模型之间的碰撞检测，具体操作步骤如下。

（1）在机电专业 BIM 模型中链接建筑专业 BIM 模型。在默认三维视图下，单击"插入"选项卡下"链接"面板中的"链接 Revit"工具，如图 8-10 所示，选择"某停车楼项目模型"文件夹中的"某停车楼建筑模型"文件，定位选择"自动-原点到原点"，点击"打开"，将建筑 BIM 模型链接到机电 BIM 模型项目文件中，如图 8-11 和图 8-12 所示。

图 8-10　链接 Revit 工具

图 8-11　链接某停车楼建筑模型

图 8-12　某停车楼机电模型链接建筑专业后模型

（2）通过"协作"选项卡下"碰撞检查"工具检查机电专业 BIM 模型与建筑专业 BIM 模型之间的碰撞，如图 8-13 所示。

图 8-13　运行碰撞检查工具

（3）在"类别来自"位置分别选择"当前项目"和"某停车楼建筑模型"，构件类型选择"风管"与"墙"，如图 8-14 所示，单击"确定"，最终碰撞结果如图 8-15 所示。

图 8-14　碰撞检查选项

图 8-15　碰撞检查运行结果

（4）碰撞报告导出和碰撞部位定位参考 8.1.1 节中第（4）步和第（5）步的操作。单击 Revit 左上角快速访问栏上"保存"功能保存项目文件。

8.2　管线综合

在对机电专业管道进行完碰撞检测后，需要对机电模型进行管线综合调整，机电模型管道调整应遵循机电管道碰撞避让调整原则，机电管道调整原则如下：

总原则：按照施工规范和管道避让一般原则（一般先后为：风管→自流管→压力管→电管→弱电管）布置设备系统的管路，管路只做位置的移动，不做功能上的调整，使之布局更趋合理，进行优化设计，既达到合理施工又可节省工程造价。

（1）电气管线尽量在水管道上方安装。考虑后期水管维修以及漏水隐患。

（2）小管让大管。小管绕弯容易，且造价低。

（3）分支管让主干管。分支管一般管径较小。

（4）有压管让无压管。无压管道多为重力流管道，如排水管道。

（5）低压管让高压管。高压管造价高，且强度要求也高。

（6）常温管让高（低）温管。高于常温要考虑排气。

8.2.1　管线调整

根据 8.1.1 节中讲到的机电专业与机电专业 BIM 模型碰撞检测的操作，可知机电各专业间管道的碰撞部位，需对各碰撞点位置进行管线综合调整。下面以消防喷淋管道与风管的碰撞调整为例，讲解机电 BIM 模型管线综合。

（1）单击"插入"选项卡下"链接"面板中的"管理链接"工具，如图 8-16 所示，在"管理链接"窗口中"Revit"页签下选择"某停车楼建筑模型"，点击下方"卸载"按钮，将"某停车楼建筑模型"从"某停车楼机电模型"项目文件中卸载，如图 8-17 所示。

图 8-16　管理链接工具

图 8-17　卸载链接模型

（2）因为在机电各专业中，电气专业除电缆桥架在公共区域安装与其他机电专业有交叉情况外，电线线管和接线盒等相关专业均为隐蔽暗埋安装，不涉及与其他专业间的碰撞交叉情况，所以为了管道碰撞检测时更清楚地查看碰撞点位置，可以先通过"可见性/图形替换"中"过滤器"功能设置电气相关专业在默认三维视图中不可见，如图 8-18 和图 8-19 所示。

图 8-18　可见性/图形替换工具

图 8-19　给排水专业和暖通空调专业模型

（3）通过使用 Revit 软件中的"碰撞检查"工具对机电各专业管线进行碰撞检查可知，消防专业自动喷淋系统管道与风管碰撞点较多，如图 8-20 所示。

图 8-20　消防专业自动喷淋系统管道与风管碰撞点

（4）在调整自动喷淋管道和通风管道之间的碰撞时需要注意管道调整原则，另外还需注意，为保证自动喷淋系统的使用功能要求，在调整消防管道时需要保证自动喷淋喷头位置不变，只允许调整喷淋支管管道。

（5）调整图 8-20 中碰撞的自动喷淋管道，删除碰撞部位的喷淋管道和管件（保留喷头），根据第 4 章消防管道绘制操作方法，重新绘制自动喷淋管道与喷头连接。

（6）根据上述操作步骤，完成其他部位自动喷淋支管与风管碰撞部位的调整。

（7）单击 Revit 左上角快速访问栏上"保存"功能保存项目文件。

其他管线综合调整情况类似，不再赘述。

8.2.2 生成管线综合断面图

由于机电各专业的图纸是各自为政，自己表达自己的设计意图，所以就需要一种图来表达机电各专业的内容。设计师一般用断面图的形式来表达管线综合调整后各专业的管线位置，这就是管线综合断面图。

在我国制图标准中，有剖面剖切（剖面图）与断面剖切（断面图）两种剖切方式。剖面剖切不仅要绘制剖切到的部分，而且还要绘制剖切后观看到的部分；而断面剖切只需要绘制剖切到的部分。管线综合需要绘制断面图，但是 Revit 中只能自动生成剖面图，所以需要设计者手动调整转化成的断面图。本节将以电气专业为对象重点讲解在剖面图的基础上如何生成管线综合断面图。

（1）进入管综一层。在"项目浏览器"面板中选择"视图"→"楼层平面"→"一层平面图"命令，进入管综一层界面，如图8-21所示。

图 8-21　进入管综一层

（2）修改电气可见性。按 VV 快捷键发出"可见性"命令，在弹出的"楼层平面：可见性/图形替换"对话框中选择"模型类别"选项，在"过滤器列表"中选择"电气"选项，依次在可见性栏中勾选"安全设备""数据设备""火警设备""灯具""照明设备""电气装置""电气设备""电缆桥架""电缆桥架配件""电话设备"复选框，最后单击"确定"按钮完成操作，如图8-22所示。

图 8-22　设置电气专业模型可见性

（3）修改视图范围。在"属性"面板中单击"视图范围"栏中的"编辑"按钮，在弹出的"视图范围"对话框中，在"标高"栏中的"偏移量"栏中输入"﹣1000"个单位，单击"确定"按钮完成操作，如图8-23所示，修改之后的管综一层视图如图8-24所示。

图 8-23　修改视图范围

图 8-24　管综一层视图

（4）创建"管综断面"视图样板。选择菜单栏"视图"→"视图样板"→"管理视图样板"命令，弹出"视图样板"对话框，选择"电气管综平面视图样板"，单击"复制"按钮，在弹出的"新视图样板"对话框中的"名称"栏中输入"电气管综断面视图"，单击"确定"按钮，返回"视图样板"对话框。在其中选择"电气管综断面视图"视图样板，在"规程"栏中选择"协调"选项，在"子规程"栏中输入"电气出图"，单击"确定"按钮完成操作，如图 8-25 所示。

图 8-25　创建电气管综断面视图样板

（5）修改"电气管综断面视图"视图样板的过滤器。选择菜单栏"视图"→"视图样板"→
"管理视图样板"命令，弹出"视图样板"对话框，选择"电气管综断面视图"视图样板，在"V/G
替换过滤器"栏中单击"编辑"按钮，在弹出的"可见性/图形替换"对话框中选择"过滤器"
选项卡，再依次选择"填充图案"栏下方的颜色区域，在每一个弹出的"填充样式图形"对话
框中皆取消"可见"复选框，单击"确定"按钮，这样依次将所有填充图案隐藏，单击"确定"
按钮完成操作，如图 8-26 所示。

图 8-26　修改管综断面视图样板过滤器

（6）修改"电气管综断面视图"视图样板的模型类别。选择菜单栏"视图"→"视图样板"
→"管理视图样板"命令，弹出"视图样板"对话框，选择"电气管综断面视图"视图样板，在
"V/G 替换分析模型"栏中单击"编辑"按钮，在弹出的"可见性/图形替换"对话框中选择"模

型类别"选项卡，在"过滤器列表"中选择"电气"选项，依次在"可见性"栏中勾选"安全设备""数据设备""火警设备""灯具""照明设备""电气装置""电气设备""电缆桥架""电缆桥架配件""电话设备"复选框，最后单击"确定"按钮完成操作，如图 8-27 所示。

图 8-27　修改管综断面视图样板模型类别

（7）创建剖面 1 视图。选择"视图"→"剖面"命令，由上往下创建剖面 1 视图，利用裁剪框可以随意调整剖面框范围，如图 8-28 所示。

图 8-28　创建剖面 1 视图

（8）应用"电气管综断面视图"样板。右击"剖面 1"符号，选择"转到视图"命令，进入剖面 1 视图界面，选择菜单栏中的"视图"→"视图样板"→"将样板属性应用于当前视图"命令，在弹出的"应用视图样板"对话框中，在"视图类型过滤器"栏中选择"楼层、结构、面积平面"选项，在"名称"栏中选择"电气管综断面视图"视图样板，单击"确定"按钮完成操作，如图 8-29 所示。

图 8-29　应用管综断面视图样板

（9）插入标记族。单击"插入"→"载入族"命令，在弹出的"载入族"对话框中，配合 Ctrl 键选择"电缆桥架标记""风管标记""管道标记"等 RFA 族文件，单击"打开"按钮，将其载入项目中，如图 8-30 所示。

图 8-30　插入标记族

（10）标注管线及标记管线。按 DI 快捷键发出"标注"命令，将管线中心与墙边距进行标注，按 TG 快捷键发出"按类别标记"命令，依次将图中相应的管线进行标记。

（11）命名为断面图。在"项目浏览器"面板中将"剖面 1"改名为"断面 1"。以上述同样的方法，可以依次对其他管线复杂位置进行断面设计。

8.3　净高分析

在本例中由于没有设置吊顶，房间的净高指从房间地面至管线最低处的距离。这个数据可以用明细表统计出来，为建筑设计、室内设计提供参考。本例采用制作一个房间虚拟净高对象族的方法，通过设置项目参数，用明细表自动生成<房间净高统计表>。

8.3.1 制作房间虚拟净高对象族

本节制作的是一个虚拟对象，在管线综合断面图中是不显示的，其功能是为了统计房间净高，具体制作族的方法如下。

（1）新建公制常规模型。选择"族"→"新建"命令，在弹出的"新建-选择样板文件"对话框中选择"公制常规模型"RFT 族样板文件，单击"打开"按钮，如图 8-31 所示，将会进入族编辑界面。

图 8-31　新建公制常规模型

（2）绘制 4 条尺寸等距的参照平面。按 RP 快捷键发出"参照平面"命令，随意绘制两条水平方向（①和②）、两条垂直方向（③和④），如图 8-32 所示。按 DI 快捷键发出"对齐尺寸标注"命令，对两条垂直向参照平面进行标注，然后单击 EQ 按钮，可以观察到原来标注上的尺寸数值变化为 EQ 字样，说明两侧的尺寸相同了。使用同样的方法对水平向的两个参照平面进行标注，最后结果如图 8-33 所示。

图 8-32　绘制 4 条参照平面　　　　　　图 8-33　参照平面 EQ 标注

（3）创建长度及宽度参数。按 DI 快捷键发出"对齐尺寸标注"命令，再次对两条垂直向参照平面进行标注，选择尺寸标注，单击"创建参数"按钮，弹出"参数属性"对话框，选择"实例"单选按钮，在"名称"栏中输入"长度"，单击"确定"按钮，如图 8-34 所示。当观察到尺寸标注中增加了"长度＝"字样后，说明标注与参数关联成功，宽度参数增加方式相同，不再赘述，完成结果如图 8-35 所示。

图 8-34　增加参数

图 8-35　标注与参数关联成功

（4）创建矩形对象。选择"创建"→"拉伸"命令，选择"矩形"绘图方式，用两个对角点拉出一个矩形，如图 8-36 所示。在"项目浏览器"面板中选择"视图"→"立面"→"前"选项，进入立面视图。在"属性"面板中的"拉伸起点"栏中输入 0，在"拉伸终点"栏中输入 -200，单击√按钮，可以从立面视图中观察到对象的变化，如图 8-37 所示。①处的线就是拉伸起点，对应数值 0；②处的线就是拉伸终点，对应数值 -200（由于是向下生成，所以数值为负）。

图 8-36　拉伸命令绘制矩形

图 8-37　拉伸起点与拉伸终点

（5）创建高度参数。在前立面图中对拉伸的距离进行标注，然后选择 200 的标注，单击"创建参数"按钮，弹出"参数属性"对话框，选择"实例"单选按钮，在"名称"栏中输入"高度"，单击"确定"按钮，如图 8-38 所示。当观察到尺寸标注中增加了"高度 ="字样后，说明标注与参数关联成功。

图 8-38　创建高度参数

（6）设置族类型。单击"族类型"按钮，在弹出的"族类型"对话框中单击"新建类型"按钮，弹出"名称"对话框，在"名称"栏中输入"房间1"，单击"确定"按钮，如图8-39所示。这样就为这个族添加了一个类型——房间1。

图8-39　新建类型

（7）保存族。选择"文件"→"另存为"→"族"命令，弹出"另存为"对话框，在"文件名"栏中输入"房间虚拟净高对象"，单击"保存"按钮，如图8-40所示。

图8-40　保存族

8.3.2　载入房间虚拟净高对象族

上一节中已经制作好了房间虚拟净高对象族，本节将这个族载入项目中并布置到相应的房间中。具体操作如下：

（1）载入族。选择"插入"→"载入族"命令，在弹出的"载入族"对话框中选择上一节制作好的"房间虚拟净高对象"RFA族文件，单击"打开"按钮将其载入项目中。

（2）进入平面视图。在"项目浏览器"面板中选择"视图"→"楼层平面"→"一层平面图"命令，进入管综一层界面。

（3）新建 A 房间类型。按 CM 快捷键发出"放置构件"命令，在"属性"面板中选择"房间虚拟净高对象房间 1"类型，单击"编辑类型"按钮，弹出"类型属性"对话框，单击"复制"按钮，在弹出的"名称"对话框的"名称"栏中输入"A 房间"（房间名称根据设计功能进行命名，如办公室、卫生间等），单击"确定"按钮，如图 8-41 所示。

图 8-41　新建 A 房间类型

（4）放置对象。将"房间虚拟净高对象 A 房间"放置到平面视图中 A 房间的位置，可以观察到虚拟对象的 4 条边线上会出现▶的箭头，这个箭头叫作造型操纵柄，如图 8-42 所示。拖曳造型操纵柄可以随意调整对象的边界位置。

图 8-42　房间虚拟净高对象 A 房间

236

（5）拖曳造型操纵柄。沿箭头方向，拖曳对象左边的造型操纵柄直至建筑物外侧，如图 8-43 所示。把对象的边界拖出室外是为了便于下一步在立面视图进行选择编辑，如果对象完全在室内，那么在立面视图中会被其他构件遮挡，无法进行选择。

图 8-43　拖曳造型操纵柄

（6）进入立面进行操作。在"项目浏览器"面板中选择"视图"→"立面"→"北立面"选项，进入"北立面"视图中操作。在建筑物外选择"房间虚拟净高对象 A 房间"，可以观察到其顶部对齐正负零标高平面，如图 8-44 所示。

图 8-44　选择房间虚拟净高对象

（7）对齐操作。按 AL 快捷键发出"对齐"命令，先选择矩形风管最底部的线（图中①处），再选择"房间虚拟净高对象 A 房间"最顶部的线（图中②处），可以观察到矩形风管（图中①处）与"房间虚拟净高对象 A 房间"（图中②处）紧密地贴合在一起了（图中③处），如图 8-45 所示。

图 8-45　对齐

（8）偏移量。按 DI 快捷键发出"对齐尺寸标注"命令，分别对"房间虚拟净高对象 A 房间"的上边线（图中①处）与正负零平面（图中②处）进行标注，可以观察到标注数值与"属性"面板中的"标高中的高程"的数值一致，皆为 500，如图 8-46 所示。

图 8-46　偏移量

（9）进入平面视图进行操作。在"项目浏览器"面板中选择"视图"→"楼层平面"→"一层平面图"命令，进入管综一层界面中操作。沿箭头方向，拖曳对象左边的造型操纵柄至建筑物内，如图 8-47 所示。

图 8-47　拖曳造型操纵柄

使用同样的方法放置并调整其余的"房间虚拟净高对象"，具体操作不再赘述。一层中共有 2 个"房间虚拟净高对象"，分别是"A 房间"（图中①处）、"B 房间"（图中②处），如图 8-48 所示。

图 8-48　一层的"房间虚拟净高对象"

8.3.3　使用明细表统计房间净高

为各房间设置好不同类型的房间虚拟净高族后，就可以进行明细表统计了，主要用到"项目参数"的方式进行计算，具体统计方法如下：

（1）设置项目参数。选择"管理"→"项目参数"命令，在弹出的"项目参数"对话框中单击"添加"按钮，弹出"参数属性"对话框，在"类别"栏中勾选"常规模型"复选框，选中"实例"单选按钮，在"参数类型"栏中切换至"数值"选项，在"名称"栏中输入"房间标高"，单击"确定"按钮，如图 8-49 所示。同理增加"标高中的高程"项目参数。

说明："房间净高虚拟对象"族是用"公制常规模型"这个类别制作的，因此这里的"类别"要选择"常规模型"。"房间标高"这个参数是由设计者根据图纸手动输入的，因此其"参数类型"选择"数值"类型。

图 8-49　设置项目参数

（2）输入 A 房间和 B 房间的"房间标高""标高中的高程"两个项目参数。选择"房间虚拟净高对象 A 房间"，在"属性"面板的"房间标高"栏中输入 - 15（建筑专业图纸中 A 房间和 B 房间的标高为 - 0.015 m，Revit 中转换为毫米（mm）单位，即为 - 15mm），"标高中的高程"栏中输入 600，B 房间同理，如图 8-50 所示。

图 8-50　设置"房间标高""标高中的高程"项目参数

（3）新建明细表。选择"视图"→"明细表"→"明线表/数量"命令，在弹出的"新建明细表"对话框的"类别"栏中选择"常规模型"选项，在"名称"栏中输入"房间净高统计表"，单击"确定"按钮，如图 8-51 所示。

图 8-51　新建明细表

（4）明细表属性。在弹出的"明细表属性"对话框中依次添加"类型""标高中的高程""房间标高" 3 个字段，单击 *fx* 按钮，如图 8-52 所示，准备添加公式进行自动计算。

图 8-52　明细表属性

（5）添加"房间净高"计算公式。在弹出的"计算值"对话框的"名称"栏中输入"房间净高"，单击 [...] 按钮，在弹出的"字段"对话框中选择"标高"字段，单击"确定"按钮，如图 8-53 所示，返回"计算值"对话框。在"公式"栏中的"标高中的高程"后输入 -（减号），单击 [...] 按钮，在弹出的"字段"对话框中选择"房间标高"字段，单击"确定"按钮，如图 8-54 所示。

图 8-53　"标高中的高程"字段

图 8-54　"房间标高"字段

（6）生成<房间净高统计表>。公式设置正确后可以观察到"明细表字段"栏中出现了"房间净高"选项，单击"确定"按钮，如图 8-55 所示。此时软件可以自动生成<房间净高统计表>，如图 8-56 所示。

图 8-55　房间净高选项

<房间净高统计表>			

A	B	C	D
类型	标高中的高程	房间标高	房间净高
A房间	600	−15	615
B房间	500	−15	515

图 8-56　房间净高统计表

本章小结

本章主要介绍了应用 Revit 软件对 BIM 模型进行碰撞检查、管线综合、净高分析应用的思路和操作方法，通过对本章的学习能对运用 BIM 技术手段完成复杂项目的多专业协同应用有一定的帮助。

第 9 章

Revit 与 Navisworks 软件的对接

目前，BIM 在土木、交通行业的运用通常是利用其可视化功能，对具体的施工过程进行模拟，以供招投标或者方案评审时使用。因此，采用 Revit 建立完模型往往才完成工作的第一步。

Autodesk Navisworks 是能够将 AutoCAD、Revit、3dMax 等 BIM 软件创建的设计数据与其他专业软件创建的设计数据和信息相结合，整合成整体的三维数据模型，通过三维数据模型进行实时审阅，而无须考虑文件大小，帮助所有参建方对项目做一个整体把控，从而优化整个设计决策、建筑施工、性能预测等环节的 BIM 数据和信息集成工具。本章简要介绍 Navisworks 的模型读取整合、场景浏览、碰撞检查等模块的功能。

9.1 模型读取整合

Navisworks 是整合不同专业 BIM 模型进行应用的工具，首先是创建新的场景文件，即打开 Navisworks Manage 软件，在场景中打开、合并或附加 BIM 模型文件。

（1）启动 Navisworks Manage 软件，选择"应用程序"→"新建"选项或单击快速访问栏"新建"工具，都将在 Navisworks 中创建新的场景文件，如图 9-1 所示。注意：Navisworks 只能打开一个场景文件，如创建新的场景文件，Navisworks 将同时关闭当前所有已经打开的场景文件。

图 9-1　打开

（2）在场景中添加整合 BIM 模型文件的方法一般有两种，即"附加"和"合并"。以"附加"的形式添加到当前场景中的模型数据，Navisworks 将保持其与所附加外部数据的链接关系，即当外部的模型数据发生变化时，可以使用"常用"选项卡下"项目"面板中的"刷新"工具进行数据更新；而使用"合并"方式添加至当前场景的数据，Navisworks 会将所添加的数据变为当前场景的一部分，当外部数据发生变化时，不会影响已经"合并"至当前场景中的场景数据。

在场景中添加整合 BIM 模型文件的步骤如下：

①选择"常用"选项卡→"附加"工具，如图 9-2 所示。

②如图 9-3 所示，展开该对话框中底部"文件类型"下拉列表。

③如图 9-4 所示，该列表中显示了 Navisworks 可以支持的所有文档格式，选择需要整合的文件的格式，单击"打开"按钮，将该文件"附加"或"合并"至当前场景中。

图 9-2　"附加"工具

图 9-3　"附加"对话框

图 9-4　文档格式

9.2　场景浏览

在 Navisworks 场景中整合完各专业模型后，首先需做的事就是浏览和查看模型。利用 Navisworks 提供的多种模型浏览和查看的工具，用户可根据工作需要对模型进行三维可视化查看。Navisworks 提供了一系列视点浏览导航控制工具，用于对视图进行缩放、旋转、漫游、飞行等导航操作，可以模拟在场景中漫步观察的人物和视角，用于检查在行走路线过程中的图元是否符合设计要求。

（1）在"视点"选项卡的"导航"选项组中单击"漫游"下拉列表，会出现"漫游"和"飞行"选项，可进行选择，进入查看模式，如图 9-5 所示。单击"导航"选项中的"真实效果"下拉列表，将会出现"碰撞""重力""蹲伏""第三人"四个选项，可根据自身需要进行单选或者多选，如图 9-6 所示。

图 9-5　"漫游"下拉列表

（2）漫游控制是将鼠标移动至场景视图中，按住鼠标左键不放，前后拖动鼠标，将虚拟在场景中前后左右行走。左右拖动鼠标，将实现场景的旋转，如图 9-7 所示。

图 9-6　"真实效果"下拉列表

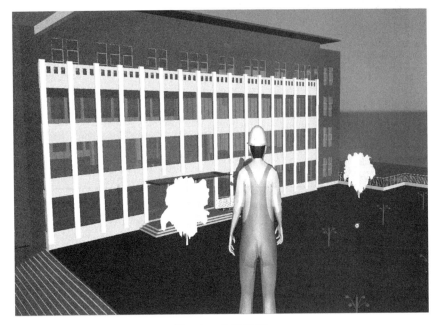

图 9-7　场景浏览

（3）在真实效果中，若选中"碰撞"功能，则当行走至墙体位置时，将与墙体发生"碰撞"，无法穿越墙体；若选中"蹲伏"功能，则在行走过程中检测到路径与墙体发生"碰撞"时将会自动"蹲伏"，以会试用蹲伏的方式从模型对象底部通过；"第三人"是表示在漫游时，会出现虚拟人物进行场景漫游检测；"重力"功能则表示虚拟人物是不会漂浮的，默认站在模型构件上。

9.3　碰撞检查

由于现实中的 BIM 模型都是利用不同专业的设计图进行单独建模工作的，各专业同等空间位置易发生冲突，这些冲突在二维图纸上一般难以发现，如果利用 Navisworks 的浏览功能也需要花费大量时间。那么，如何解决多专业协同设计问题呢？

三维建模的冲突检测是 BIM 应用中最常用的功能，以达到各专业间的设计协同，使设计更加合理，从而减少施工变更。Navisworks 提供的 Clash Detetive（冲突检测）模块，用于完成三维场景中所指定任意两选择集图元间的碰撞和冲突检测，即 Navisworks 软件将根据指定的条件，自动找出相互冲突的空间位置，并形成报告文件，且允许用户对碰撞检查结果进行管理。

（1）选择"常用"选项卡，单击"Clash Decive"选项，如图 9-8 所示。

图 9-8　"Clash Decive" 选项

（2）单击右上方的"添加测试"按钮，此时会创建一个新的检测项，然后对该碰撞测试进行重命名，如图 9-9 所示。

图 9-9　添加测试

（3）在设置中分别选择要碰撞的类型，例如左侧为建筑部分，右侧为结构部分，将碰撞类型修改为"硬碰撞"，公差为"0.01m"，最后单击下方的"运行测试"按钮，如图 9-10 所示。

（4）导出碰撞列表，并整理成碰撞报告，如图 9-11 所示。

图 9-10　选择碰撞的类型

图 9-11 导出碰撞列表

本章小结

本章主要介绍了 Revit 与 Navisworks 软件的对接，能解决各专业同等空间位置易发生冲突的问题。

第 4 篇

实战应用

第 10 章

中高层建筑实战案例

本章主要运用前面章节所学的知识点来完成中高层建筑的结构建模，是对前面所学知识点的综合应用。结构建模整个过程主要是对柱、梁、板、基础等主要构件的绘制，同时增加了对应的难点，如异形柱的创建、基础的电梯坑和集水井的轮廓处理，会涉及参数化族和体量知识。

10.1 中高层建筑实战案例（结构）

10.1.1 项目概况

名称：住宅楼。
建筑地点：重庆市。
总建筑面积：2 748.68 m²。
建筑层数：8 层。
高度：24.000 m。
结构体系：基础为条形基础，采用钢筋混凝土-剪力墙结构体系。
建筑性质：多层住宅楼。

10.1.2 项目成果展示

项目成果展示如图 10-1 所示。

图 10-1　项目成果展示

10.1.3 新建项目

本节将详细介绍 BIM 结构样板文件的选择和项目单位的设置等内容。

1. 新建结构样板

本项目为结构模型，所以选择"结构样板"，如图 10-2 所示。

图 10-2 选择"结构样板"

2. 项目单位的设置

切换到"管理"选项卡，在"设置"面板中选择"项目单位"命令，弹出"项目单位"对话框，项目单位按 BIM 模型规划标准进行设置。当在"视图属性"中修改规程时，对应地会采用所设置的项目单位，如图 10-3 所示。

图 10-3 项目单位

3. 基本建模

1）创建标高

在项目浏览器中，双击立面"东"，打开视图。选择"结构"选项卡→"基准"面板→"标高"命令。

在立面视图中，将默认样板中的标高 1、标高 2 修改为首层、二层，其中首层标高为 0m，单击标高符号中的高度值，可输入"0"。最终完成标高设置，如图10-4所示。

图 10-4　设置标高

2）创建轴网

在项目浏览器中，双击结构平面"首层"，打开"结构平面首层"视图。选择"建筑"选项卡→"基准"面板→"轴网"命令进行绘制。

在绘图区域内任意一点上单击，垂直向上移动光标到合适距离再次单击，绘制第一条垂直轴网。利用上文标高中提到的"复制""阵列"命令，复制出多条轴网，最终构成一个完整的轴网，如图10-5所示。

图 10-5　轴网

3）项目基点

新建项目样板时，都需要对项目坐标位置、项目基点进行统一设置。后期在 Revit 中如果移动项目基点或者修改坐标，整个项目的其他所有图元都会跟着移动。项目基点一般默认都是不显示的。

本工程要求：以 1 轴和 1/OA 轴的交点及首层标高作为本项目的基点。回到首层结构平面层，选择"视图"选项卡→"图形"面板→"视图可见性/图形"命令（快捷键 VV），在"场地"中选中"项目基点"，将绘图区的项目基点显示出来，如图 10-6 所示。

图 10-6　显示项目基点

如图 10-7 所示，项目基点并没有在指定位置（1 轴和 1/OA 轴的交点）上，对于此类问题，我们可以通过两种方法对它进行更改。

图 10-7　项目基点

方法 1：框选所有的轴网，将整个轴网以 1 轴和 1/OA 轴的交点为移动点，直接移动到项目基点上，如图 10-8 所示。

方法 2：移动项目基点到 1 轴和 1/OA 轴的交点处。选中项目基点，单击左上角的"修改点的裁剪状态"按钮，出现红色的斜杠即为正确，如图 10-9 所示。

图 10-8　移动项目基点（方法 1）

图 10-9　移动项目基点（方法 2）

　　通过移动命令或者修改坐标，将项目基点、测量点移动到 1 轴和 1/OA 轴的交点处，如图 10-10 所示。移动完成后，重新单击左上角的"修改点的裁剪状态"按钮，变为原始状态，如图 10-11 所示。

图 10-10　移至交点处

图 10-11 变为原始状态

4. 新建基础

1）基础底板

在工程中，基础底板主要由条基、墙、电梯井等整体组成。对于基础底板，可以选用"基础墙"来进行创建。

（1）单击"结构"选项卡→"基础"面板→"墙"按钮，如图 10-12 所示。

图 10-12 "墙"命令

（2）依据基础平面布置图绘制基础底板，如图 10-13 所示。

图 10-13 基础平面布置图

2）条形基础

单击"结构"选项卡→"基础"面板→"墙"按钮，系统默认的条形基础为矩形；由图纸可知，条形基础的截面形状为"矩形"。条形基础尺寸及配筋表如图 10-14 所示，依据图纸建立条形基础，如图 10-15 和图 10-16 所示。

条形基础（**TJxx**）尺寸及配筋表						
条形基础编号	基础底部尺寸		嵌岩深度 h_r/mm	配筋		基础持力层
	B/mm	H/mm		①	②	
TJ-01	详平面	400	300	⊈14@200	⊈8@250	持力层为中风化泥岩
TJ-02	详平面	700	700	⊈16@190	⊈8@250	
TJ-03	详平面	550	300	⊈14@150	⊈8@250	

图 10-14　条形基础尺寸报配筋表

图 10-15　类型属性设置

图 10-16　基础平面布置图

5. 电梯井

对于电梯井,其创建方法有两种。

第一种:参照集水井的创建方法。这类方法适合异形、常规矩形等各种形状。该方法创建的电梯井由两部分组成:一是基础底板;二是电梯井族。创建基础底板时,应注意预留电梯井的位置。

第二种:主要是针对图纸中的矩形电梯井。该方法创建的电梯井由两部分组成:一是基础底板;二是底板周围的墙体。用此类方法创建时,要注意其标高参数。

(1)新建基础底板并命名为"电梯井底板",按照 *A—A* 大样,设置好标高、板厚等参数,绘制电梯井底板如图 10-17 所示。

(2)新建墙体并命名为"电梯井墙体",设置其标高、墙厚等参数,并在图纸中画出,绘制完成后,最终的电梯井如图 10-18 所示。

图 10-17　电梯井底板

图 10-18　电梯井最终效果

6. 结构柱

在 Revit 中，柱子分为建筑柱和结构柱：建筑柱主要起展示作用，不承重；结构柱是主要的承重构件，在满足结构需要的同时，其形状也多变。单击"结构"选项卡→"结构"面板→"柱"按钮，选择新建柱构件。

（1）在软件中，系统默认的柱为"H 型钢柱-UC 常规柱-柱"，我们可以通过载入结构柱的方式，选择合适的截面形状，载入柱族来新建柱构件，如图 10-19 所示。

图 10-19　载入柱族

（2）根据图纸柱表大样，除常规的矩形柱外，还有一些异形柱，如 GBZ2_90。可以用相同的方法先将柱族载入项目中，再通过"在位编辑"的方式，创建图纸中的形状，并将创建好的族另外进行保存，如图 10-20 所示。

图 10-20　异形柱

7. 墙　体

选择"结构"选项卡→"墙"下拉菜单→"墙：结构"选项。根据剪力墙身表新建墙体，调整命名和属性，按照剪力墙平法施工图放置墙体，如图 10-21 所示。

图 10-21   "墙：结构"命令

地上墙体的绘制方法跟地下的一样，如图 10-22 所示。

图 10-22   地上墙体效果

8. 结构梁

单击"结构"选项卡→"结构"面板→"梁"按钮。结构梁的新建方法可以参照结构柱，通过载入结构梁的方式，选择合适的截面形状，载入梁族来新建梁构件，如图 10-23 所示。

图 10-23   载入梁族

提示：除特别注明外，梁顶标高与板标高平齐，绘制梁时，将"开始延伸、断点延伸"的值调整为 0。

根据梁平法施工图新建梁，按图纸显示的梁二维线框绘制梁构件，如图 10-24 所示。

图 10-24　结构梁

9. 结构板

楼板作为主要的竖向受力构件，其作用是将竖向荷载传递给梁、柱、墙。在水平力的作用下，楼板对结构的整体刚度、竖向构件和水平构件的受力都有一定的影响。直接按照图纸给出的标高在楼层标高中绘制即可，如图 10-25 所示。

图 10-25　结构板

10.2　中高层建筑实战案例（建筑）

中高层建筑的建模主要分为两部分，即地下室建筑的建模及地上建筑的建模。本节的任务是根据前面章节的学习基础，完成中高层建筑的建模，让读者快速熟悉一个中高层建筑的建模流程，同时提高建筑建模的水平。

10.2.1 项目概况

名称：住宅楼。

建筑地点：重庆市。

总建筑面积：2 748.68m²。

建筑层数：设地下室 1 层，地上 8 层。

高度：24.000m。

设计使用年限：50 年。

建筑性质：多层住宅楼。

10.2.2 项目成果展示

本项目成果展示如图 10-26 所示。

图 10-26 项目成果展示

10.2.3 项目建模的步骤与方法

1. 审 图

首先熟悉图纸，才能知道所要建的模型外表的构造模样，对图纸中有异议的位置应征询设计单位，将有异议的问题解决之后，再根据立面图纸分层建模。

2. 创建样板文件，绘制标高与轴网，确定项目基点

（1）打开 Revit 软件，在主界面上，选择"新建"→"建筑样板"选项，单击"确定"按钮，如图 10-27 所示，进入 Revit 软件界面。

图 10-27　新建项目

（2）根据立面图纸创建模型标高，如图 10-28 所示。

（3）返回地下室层，建立轴网，设定基点。

图 10-28　创建标高

3. 负一层墙体的绘制

（1）导入负一层的图纸。单击"插入"面板→"导入"选项卡→"导入 CAD"按钮，导入 CAD 图纸，选择对应的图纸，调整导入单位为毫米，如图 10-29 所示。

图 10-29 导入 CAD 文件

（2）导入完成后，需要将 CAD 图纸移动到相应的位置，对齐轴网，如图 10-30 所示。

图 10-30 移动图纸位置

（3）按照图纸要求，对墙体进行命名并设定其材质，在轴网相应位置绘制墙体，如图 10-31 所示。

图 10-31　绘制墙体

4. 负一层门窗族的创建及插入

（1）按照门窗明细表创建门窗族，如图 10-32 所示。

图 10-32　创建门窗族

（2）根据图纸的位置，对窗进行规范命名，并放置到负一层平面中，调整窗的底部高度，如图 10-33 所示。

图 10-33　调整窗

5. 负一层楼板的创建

单击"建筑"选项卡中的"楼板"选项时应该选择"建筑楼板"，根据导入图纸的楼板轮廓去创建楼板，绘制方式可参照前面章节，如图 10-34 所示。

图 10-34　创建楼板

6. 首层墙体的绘制

（1）导入首层的图纸，如图 10-35 所示。

图 10-35　导入图纸

（2）根据图纸相应位置绘制墙体，如图 10-36 所示。

图 10-36　绘制墙体

7. 门窗的插入

根据图纸中门窗的位置插入门窗，如图 10-37 所示。

图 10-37　插入门窗

8. 楼板的绘制

根据图纸的楼板轮廓，绘制楼板、楼梯、管道排水、通风电梯，需要预留洞口，防止与其他构件有冲突，如图 10-38 所示。

图 10-38　绘制楼板

9. 楼梯的绘制

根据图纸提供的大样图，按要求去创建楼梯，整理好楼梯扶手，多余的扶手将其删除，如图 10-39 所示。

图 10-39　绘制楼梯

10. 扶手的绘制

根据图纸立面图，可得知阳台扶手的高度、间距等参数信息。按照图纸设置好参数，对应图纸中扶手的相应位置绘制扶手路径，如图 10-40 所示。

11. 其他层模型的绘制

观察图纸，一至四层的图元构件大部分是一样的，对于此类楼层，可以将下一层图元复制上去，再针对图纸修改与首层图元不一致的构件。一至四层的区别就在于楼梯周围的构件存在差异，根据图纸在相应位置进行修改即可。

图 10-40　绘制扶手

12. 标准层的绘制

从第四层开始为标准层，框选第四层的全部构件，在弹出的"修改"选项卡中，单击"剪贴板"中的"复制到剪贴板"按钮（复制），"粘贴"时选择"与选定标高对齐"，将其复制到其他标准层，如图 10-41 所示。

图 10-41　标准层的绘制

13. 屋顶层墙体的绘制及门窗的插入

根据屋顶图纸，先绘制墙体并插入门窗，然后绘制拉伸屋顶，根据图纸的位置对拉伸屋顶进行调整，最终效果如图 10-42 所示。

图 10-42　最终效果

10.3　中高层建筑实战案例（给排水及消防）

10.3.1　审图

首先应熟悉图纸，明确案例图纸中给排水及消防专业概况：本工程为二类高层地上全自动机械车库、地下车库、附属经营设施，名称为某停车楼项目。本工程包括生活给水、污水系统、废水系统、雨水系统、消火栓系统、自动喷水灭火系统、小型灭火器具配置及局部自动气体灭火系统。本项目供水水源为城市自来水，从南侧的市政给水管网上引入一根 DN150 进水管，总水表后设低阻力倒流防止器，保证市政自来水管网不被污染。

生活给水系统分为 2 个区：

低区：-1~2 层，由市政管网直接供水，供水压力 0.28 MPa。

高区：3~13 层，垂直绿化由室外雨水收集池变频给水设备加压供水，供水压加 0.55 MPa，设备参数见雨水收集池主要材料表。

地下一层生活水泵房变频给水设备供水范围仅为屋顶消防水箱，设备参数见主要材料表。

低区负一层入水口为 2ZJ，为车库冲洗给水管道系统，主横管贴梁底敷设，接室外雨水中水管网。低区生活给水系统 1J/2，供给 1F、2F。高区采用水箱、变频给水设备。排水系统采用分流制，分为污水排水系统、废水排水系统和雨水排水系统。

消防系统由消防水池、消防水泵、消防水泵接合器、消防管网、减压阀组、消火栓及高位水箱组成。本建筑高位水箱设置在屋顶最高处，有效容积 18m³。消防水池、消火栓系统加压设备设在地下室，消防水泵房内消火栓系统不分区，消火栓管道成环状管网，消火栓系统工作压力 0.80MPa，消火栓充实水柱为 13m。室内消火栓 10 层及以下采用减压稳压消火栓，10 层以上为普通消火栓。系统图可以识读标高信息、管道走向和管道编号。具体管道连接见平面图。

对图纸中有异议的内容应征询设计单位意见，待问题解决后，根据不同系统分别建模。

10.3.2 给排水专业的建模步骤与方法

1. 新建项目样板

创建项目样板的一般步骤如下。

（1）打开 Revit 软件，创建新项目，如图 10-43 所示。

图 10-43 新建项目

（2）链接模型。单击功能区中的"插入"选项卡→"链接 Revit"，打开"导入/链接 RVT"对话框，如图 10-44 所示。

图 10-44 链接模型

（3）创建标高。链接建筑模型后，切换到某个立面视图，使用"复制"工具复制并监视建筑模型的标高，如图 10-45 所示。

图 10-45　创建标高

（4）创建平面视图。创建与建筑模型标高相对应的平面视图：单击功能区中的"视图"选项卡"平面视图""楼层平面"，打开"新建平面"对话框，选择所需要的标高，单击"确定"按钮，平面视图即可创建。

（5）创建轴网。单击项目浏览器中的"卫浴"→"楼层平面"→"‐1F"，进入‐1F楼层平面视图，如图 10-46 所示。

图 10-46　创建轴网

（6）项目样板。点击 ⬦ 选择保存，在"另存为"对话框里的"文件类型"下拉列表里选择保存成"样板文件"，在保存对话框中点击"选项"命令，调整最大备份数，点击"保存"，完成项目样板的创建。

将项目样板命名为"某停车楼‐给排水系统样板"，如图 10-47 所示。

图 10-47 项目样板命名

2. 新建项目文件

点击按钮，选择"新建"→"项目"，在"新建项目"对话框中，样板文件选择本项目建立的"某科技楼-给排水系统样板"，选择"新建"→"项目"，点击"确定"，建立新项目，如图 10-48 所示。

图 10-48 新建项目文件

进入项目后，点击"保存"，将项目文件命名为"某停车楼-给排水专业模型"。

3. 导入 CAD

单击"插入"选项卡→"导入 CAD"，选择图纸文件"某停车楼-给排水施工图.dwg"，如图 10-49 所示。导入 CAD 后依次进行"解锁""对齐"命令。

图 10-49　导入 CAD

4. 对导入的 CAD 进行简化

在"楼层平面"中，选中导入的 CAD 图纸，单击"导入实例"→"查询"，选中 CAD 图纸中不作为参考的线型，单击"在视图中隐藏"，完成对 CAD 图纸的简化。

5. 创建给水系统模型

依次从 -1 层至 12 层，不同楼层平面中进行卫生器具和管道绘制（见图 10-50）。

卫生器具（洗脸盆、大便器、小便器等）绘制操作如下：载入相关卫生器具族—修改相关卫生器具属性—放置卫生器具—修改卫生器具相关参数。

管道绘制操作如下：新建"给水管"类型—单击"系统"选项卡>"卫浴和管道">"管道"，在弹出的"修改|放置管道"选项卡中设置修改管道的管径及偏移量—绘制管道三通、四通、弯头—绘制水管立管—绘制坡度管道。

图 10-50　给水系统图

6. 创建排水系统模型

依次在不同楼层平面中进行管道绘制（见图 10-51）。具体操作如下：载入管件族—新建"污水管"管道—布管系统配置—新建管道尺寸—载入"弯头三通"族—放置"弯头三通"族—编辑"污水管"属性—绘制管道（操作同给水系统）。

图 10-51　排水系统图

7. 绘制卫浴连接点

假如洗脸盆有三个连接点，热水、冷水和污水点，需要分别进行设置，如图 10-52 所示。

图 10-52　卫浴连接点设置

8. 屋顶层水箱绘制

屋顶层水箱绘制如图 10-53 所示。

图 10-53　屋顶层水箱

10.3.3　消防专业的建模步骤与方法

消防系统由消防水池、消防水泵、消防水泵接合器、消防管网、减压阀组、消火栓及高位水箱组成。整个系统按水流方向按楼层依次按自动喷淋系统和消火栓系统进行建模绘制，主要分成管道绘制和附件绘制（见图 10-54）。

管道绘制具体操作如下：新建"消防自喷管"—"消防自喷管"布管系统配置—载入消防管件族—放置消防自喷管—自动生成"T形三通"连接—自动生成"立管"。

附件绘制具体操作如下：添加附件族—放置附件构件—修改属性—检查连接性。

图 10-54　消防系统

10.3.4　项目成果展示

本项目暖通专业成果展示如图 10-55 所示。

图 10-55　成果展示

10.4　中高层建筑实战案例（暖通）

10.4.1　审图

首先应熟悉图纸，明确案例图纸中暖通专业包括空调新风系统、多联机空调系统、通风及防排烟系统、补风系统，涉及楼层为负一层、一层、二层、四层和屋顶层。空调新风系统采用新风净化机组，共设 4 个新风系统（XF1-4）。其中，新风系统（XF1-2）位于一层；新风系统（XF3-4）位于二层。空调系统为多联机空调系统，共设 2 个系统（KB1-2）。其中，多联机室外机位于四层，多联机室内机和冷媒系统位于一层和二层。通风及防排烟系统位于负一层、一层和二层以及屋顶层。对图纸中有异议的内容应征询设计单位意见，待问题解决后，根据不同系统分别建模。

10.4.2　暖通专业的建模步骤与方法

1. 负一层暖通系统建模

负一层暖通系统包括通风及防排烟系统和补风系统。其中，通风及防排烟系统需绘制的内容包括生活水泵房排风机（混流风机 SWF NO2.5）、消防泵房排风机（斜流风机 GXF-C NO4.5）、车库排风兼排烟机（柜式离心风机 HTFC-IV-NO25S1-A）、发电机房排风机（斜流风机 GXF-A NO3.5）、储油间排风机（防爆型混流风机 SWF-INO2.5）、变配电室排风机（斜流风机 GXF-D NO4.5）风管及管件、280℃排烟防火阀、70℃电动防火调节阀、电动风阀、风管软接头、管道消声器、微穿孔板消声弯头、单层百叶风口。补风系统需绘制的内容包括双层百叶风口。绘制完成后如图 10-56 所示。

图 10-56　负一层暖通模型成果展示

2. 一层暖通系统建模

一层暖通系统包括通风及防排烟系统、补风系统、新风系统和多联机空调系统。其中，通风及防排烟系统需绘制的内容包括消控室排风机（方形壁式轴流风机 XBDZ-A NO2.5）、风管及管件、280℃排烟防火阀、70℃电动防火调节阀、电动风阀、风管软接头、管道消声器、微穿孔板消声弯头、单层百叶风口。补风系统需绘制的内容包括双层百叶风口。新风系统包括新风净化机（XF1-2）、70℃电动防火调节阀、微穿孔板消声弯头、方形散流器（200 × 200）。多联机空调系统需绘制的内容包括多联机室内机、冷媒管、分歧管、冷凝管。绘制完成后如图 10-57 所示。

图 10-57　一层暖通模型成果展示

3. 二层暖通系统建模

二层暖通系统包括通风及防排烟系统、补风系统、新风系统和多联机空调系统。其中，通风及防排烟系统需绘制的内容包括，通风器、控制室排风机（方形壁式轴流风机 XBDZ-A NO2.5）、弱电机房排风机（混流风机 SWF-INO3.0）风管及管件、280℃排烟防火阀、排烟阀、风管软接头、管道消声器、微穿孔板消声弯头、单层百叶风口。补风系统需绘制的内容包括双层百叶风口。新风系统包括新风净化机（XF3-4）、70℃电动防火调节阀、微穿孔板消声弯头、方形散流器（200 × 200）。多联机空调系统需绘制的内容包括多联机室内机、冷媒管、分歧管、冷凝管。绘制完成后如图 10-58 所示。

图 10-58　二层暖通模型成果展示

4. 四层暖通系统建模

四层暖通系统包括多联机空调系统（KB1-2）。多联机空调系统绘制的内容包括多联机室外机、冷媒管。绘制完成后如图 10-59 所示。

图 10-59　四层暖通模型成果展示

5. 屋顶层暖通系统建模

屋顶层暖通系统包括通风及防排烟系统。通风及防排烟系统需绘制的内容包括车库排风兼排烟机（柜式离心机 HTFC-I NO28-A）、风管及管件、手动多叶调节阀、280℃排烟防火阀、止回阀、风管软接头、单层百叶风口。绘制完成后如图 10-60 所示。

图 10-60　屋顶层暖通模型成果展示

10.4.3　项目成果展示

本项目暖通专业成果展示如图 10-61 所示。

图 10-61　暖通模型成果展示

10.5 中高层建筑实战案例（电气）

电气系统主要涉及建筑供配电技术，建筑设备电气控制技术，电气照明技术，防雷、接地与电气安全技术等。

本节主要介绍电气专业的建模基础，包括桥架、附件、连接件、电气设备的创建和编辑，并通过一个实际工程项目案例，介绍电气模型的创建流程。

10.5.1 项目准备

1. 新建项目文件

启动 Revit 2019，单击 ![按钮] 按钮，选择"新建"→"项目"，在"新建项目"对话框中，样板文件选择本项目建立的"某停车楼-电气系统"，选择"新建"→"项目"，点击"确定"，建立新项目。

进入项目后，点击"保存"，项目文件为"某停车楼-电气专业模型"。

2. 导入 CAD

单击"插入"选项卡→"导入 CAD"，选择图纸文件"某停车楼电施一层照明平面图.dwg"。如果链接到项目中的 CAD 图与项目轴网不重叠，则需要先对齐。

10.5.2 电缆桥架模型创建

1. 载入所需桥架

载入桥架族和桥架管件族，如图 10-62 和图 10-63 所示。

图 10-62　载入桥架族

图 10-63　载入桥架管件族

2. 设置类型及绘制

（1）创建电缆桥架类型，如图 10-64 所示。

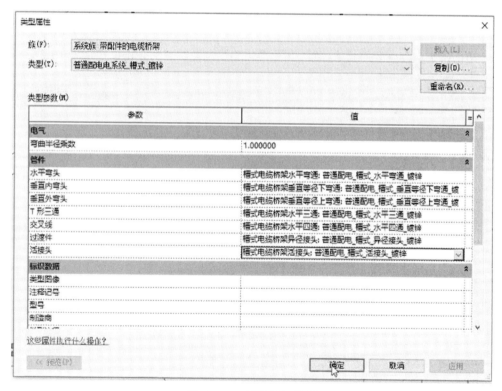

图 10-64　创建桥架类型

（2）绘制电缆桥架。单击"系统"选项卡→"电缆桥架"，在类型中选中所创建的"槽式电缆桥架-强电"类型，并选择"水平对正：中心""垂直对正：中"，在选项栏中修改电缆桥架宽度为 200mm，高度为 100mm，偏移量为 4075mm，此偏移量为所绘制电缆桥架底部到所对应参照标高的垂直距离，如图 10-65 所示。

图 10-65　设置桥架信息

（3）单击确定电缆桥架的起始位置，再次单击确定电缆桥架的终止位置，如图 10-66 所示。

图 10-66　绘制一层动力平面图桥架

3. 不同高程桥架的处理

（1）垂直桥架连接。在平面图中，首先输入起点偏移量，单击垂直桥架所需放置位置，然后输入终点偏移量，双击"应用"即可生成垂直方向上的桥架。

（2）自设角度连接。进入到立面或者自建剖面进行自由角度绘制桥架。

按照上述步骤即可绘制"槽式电缆桥架-消防""槽式电缆桥架-普通桥架"两种桥架。

10.5.3 电气设备的创建

在项目浏览器中，展开"视图"，展开"楼板平面"，双击要放置设备的视图，单击"系统"选项卡，"电气"面板上的"电气设备"，在"类型选择器"中选择一种类型，选中后放置时可设置偏移量以及各类电气参数等，如图 10-67 和图 10-68 所示。

图 10-67　设置各类参数

图 10-68　放置电气设备

10.5.4 照明设备的创建

在项目浏览器中，展开"视图"，展开"楼板平面"，双击要放置照明设备的视图，单击"系统"选项卡→"电气"面板上的"照明设备"，在"类型选择器"中选择一种类型，如图 10-69~图 10-71 所示。

图 10-69　选择设备类型

图 10-70　创建照明设备

图 10-71　放置照明设备

按照上述方法，可完成"某停车楼"一层电气模型的绘制，如图 10-72 所示。

图 10-72　一层电气模型绘制

10.5.5 其他楼层模型的绘制

观察图纸，楼层的图元构件大部分是一样的。对于此类楼层，可针对图纸对其位置、类型、高度等进行修改即可。二层、地下一层电气模型如图 10-73 和 10-74 所示，最终效果如图 10-75 所示。

图 10-73　二层电气模型绘制

图 10-74　地下一层电气模型绘制

图 10-75　最终成果模型

本章小结

本章通过中高层工程实例讲解，带领大家学习在实际工程中怎样从基础建模到复杂构件的创建。这些能提升我们的建模水平，使我们能更加熟悉软件操作。建模人员必须要了解 BIM 建模的专业信息知识，必须要考虑对构件的要求、构件之间的冲突情况及各种难点的处理。

参考文献

[1] 曾浩，王小梅，唐彩虹. BIM 建模与应用教程[M]. 北京：北京大学出版社，2018.

[2] 刘庆. Autodesk Navisworks 应用宝典[M]. 北京：北京大学出版社，2018.

[3] 卫涛，李容，刘依莲. 基于 BIM 的 Revit 建筑与结构设计案例实战[M]. 北京：清华大学出版社，2018.

[4] 曾旭东，图鑫，张磊. BIM 技术在建筑设计阶段的正向设计应用探索[J]. 西部人居环境学刊，2019，43（23）：11-12.

[5] 杨霄. 建筑工程全寿命期 BIM 技术系统化应用研究[D]. 焦作：河南理工大学，2017.

[6] PUKO Z，NATAA N，KLANEK U. Building Information Modeling Based Time And Cost Planning In Construction Projects [D]. Slovenia：University of Maribor，Faculty of Civil Engineering，2014.

[7] 刘占省，王泽强，等. BIM 技术全寿命周期一体化应用研究[J]. 施工技术，2013（22）：72-73.

[8] 解辉. BIM 在中国古建筑维护中的应用研究——以观音阁为例[D]. 北京：清华大学，2017.

[9] 卫涛，柳志龙，晏清峰. 基于 BIM 的 Revit 机电管线设计案例教程[M]. 北京：机械工业出版社，2020.

[10] 朱溢镕，段宝强，焦明明. Revit 机电建模基础与应用[M]. 北京：化学工业出版社，2019.